小川真和子

海をめぐる対話《ダイアローグ》 ハワイと日本

水産業からのアプローチ

塙選書124

【目次】

凡例

一、本書は研究者のみを対象とした専門書ではないという立場から読みやすさを考慮し、個々の引用の明示を大幅に省略した。また参考文献も必要最小限のみを巻末にまとめてある。詳細な文献資料については、私がこれまで発表した、もしくは今後発表予定の書籍や論文を参照されたい。

二、本書では、旧仮名遣いを新仮名遣いに改めて記述した。

三、人名については日本国籍を持つ者、もしくは日系一世の名前は原則として姓、名の順に表記するが、出生地主義（自国の領土で生まれた者に市民権を与える方式）をとるアメリカで生まれたため、アメリカ市民権を持つ日系二世についてはアメリカの習慣にしたがって名、姓の順で書くこともある。また本書では、ハワイやアメリカ本土などに在住する日本人移民およびその子孫を、それぞれ日本人、日系人と記すが、便宜上、両者をまとめて日本人と表記することもある。なお、コラムを含む本文中での敬称は省略した。

四、一九世紀から二〇世紀にかけて「王国」「共和国」「準州」「州」へと目まぐるしい政治的変遷を経たハワイ諸島について、本書では原則として「ハワイ」と表記する。ただし準州政府など行政単位の動きを強調する場合はその限りではない。

五、本書で引用したり、参考にしたりする英文資料の翻訳は、明記しない限り著者による。

六、本書のなかの語句や地名、表現の一部には、今日の視点から見るとかならずしも適切ではないものも含まれるが、歴史的な用語として（ママ）を併記したうえで使用する場合がある。

序　海をめぐる対話のはじまり

一五〇年に及ぶハワイと日本の交流の歴史

二〇一八年は日系移民一五〇周年という、ハワイと日本との関係を語るうえで節目《ふしめ》となる特別な年であった。日本からハワイへの最初の集団移住は、この年からさかのぼること一五〇年前の一八六八（明治元）年五月、迫りくる明治新政府軍を前に、江戸幕府が江戸城を明け渡してからまだそれほど時間が経っていない混乱のなかではじまった。在日本ハワイ王国総領事で貿易商人でもあったアメリカ人、ユージン・ヴァン・リードのはからいで、おもに横浜や江戸から集められた約一五〇人（うち女性が五人、記録によっては六人）が、イギリス船サイオト号に乗り込んで横浜港を出発した。ハワイへ向かったこれらの人々は、日本で最初の年季契約《ねんきけいやく》移民であり、今日では「元年者《がんねんもの》」と呼ばれている（コラム参照）。渡航の準備中に幕府が滅亡し、明治政府もハワイへの渡航許可を取り下げたため、元年者の出国は違法であった。

このようにしてはじまった日本からハワイへの人の流れは、元年者の渡航以降、一時的に途絶《とだ》えた。しかし一八八一（明治一四）年にハワイ王国第七代国王、カラカウア（在位一八七四―九一年）が世界一周旅行の途中に日本へ立ち寄り、明治政府との間で日本からの移民（官約移民《かんやくいみん》）を受け入れる条約を結ぶと、日布《にっぷ》（布哇《はわい》）間の人の流れが復活しただけでなく、一気に加速した。一八八五（明治一八）年の官約移民開始以降、山口県や広島県など西日本を中心とした地域から、多くの人々がハワイを目指したのである。現在でもそれらの人々の子孫がたくさん居住するハワイには、日本の文化が深く根づいている。そのためであろう、多くの日本人にとって、ハワイはアメリカ本土やヨーロッパなどと比較して、地理的に近いだけでなく、どこか親近感を抱《いだ》かせる土地である。

二一世紀になった現在でも、日本とハワイの間には活発な交流がある。それは、日本から押し寄せる大勢の観光客を、ハワイが吸収していることだけにとどまらない。たとえば、官約移民の開始以降、多くの島民をハワイへ送り込んできた山口県周防大島町《すおうおおしまちょう》は、ハワイ州カウアイ島（郡）と「姉妹島」の提携を結んでおり、住民が互いに親善訪問を行うなど、草の根レベルの交流をつづけている。また周防大島町にある日本ハワイ移民資料館には、ハワイへ渡った人々の暮らしぶりを物語る数多くの品々が展示されている（写真1）。

一方、ハワイにおいても、オアフ島のホノルル市内にあるハワイ日本文化センターやハワイ沖縄センターでは、日本の文化や芸能に触れるさまざまな催しやプログラムを通して、日系移民の「ルーツ」である日本や沖縄とのつながりを感じる場が提供されている。またハワイ島ヒロにある太平洋津波博物館には、日本の海とのつながりを感じさせる展示がある。日本人漁民が多く住む漁村として栄えた歴史があるヒロは、これまで幾度《いくど》となく津波の被害に苦しんできた。その被災の様子を記録し、記憶を後世へ伝えるために建てられた博物館の一角には、東日本大震災（二〇一一年）の展示コーナー（二〇一五年三月時点）が、「JAPAN WE ARE WITH YOU（日本よ、私たちはともにいます）」の言葉とともに設けられている。

これは東日本沿岸部を襲《おそ》った甚大《じんだい》な津波被害を、ヒロの街が我がこととして受け止めているからこそ発せられた言葉である。このような展示や活動の

写真1　日本ハワイ移民資料館
かつてサンフランシスコに渡って成功した地元の実業家の家屋が移民資料館として使用されている。筆者撮影。

数々は、グローバル化や国際化といった言葉が華々《はなばな》しく飛び交《か》う現代よりもはるか昔から、息の長い「国際交流」の歴史を紡《つむ》いできた痕跡《こんせき》が、日本やハワイのそこかしこにあることを示している。

陸の民と海の民

日本とハワイの交流の発端《ほったん》となった元年者をはじめ、ハワイへ渡った日本人の多くは、現地の砂糖キビプランテーションで働いた。当時のハワイ王国の経済は、ビッグファイブと呼ばれる五つの白人財閥《ざいばつ》（アレキサンダー&ボールドウィン、アメリカンファクターズ、C・ブリューワー、キャッスル&クック、テオ・H・デービス）の支配下にあり、日本をはじめとするアジア各国やポルトガルなど、海外から動員した労働者をプランテーションで働かせていた。これらの財閥は、当時のハワイの主要産業である砂糖キビやパイナップル生産のみならず、現地の政治やメディアなどにも大きな影響力を持っていた。

その一方で、日本人移民は低賃金で長時間に及ぶ労働を強《し》いられていたという「苦労話」が、今も昔も移民の物語の中心である。前述の周防大島町の日本ハワイ移民資料館では、かつてプランテーションで歌われていたという労働歌、「ホレホレ節《ぶし》」を聞くことができる。

ハワイ、ハワイと夢見てきたが

流す涙は甘蔗《きび》のなか
行こかメリケン（アメリカ）帰ろか日本
ここが思案《しあん》のハワイ国

今日のホレホレつらくはないよ
昨日届いた里便り《さとたよ》
横浜出るときゃ涙でてたが
今は子もある孫もある

（アメリカンフォークソング資料保存プロジェクト）

その調べは哀調《あいちょう》を帯びていて、聞く者の涙を誘う。
　このような、プランテーションなど「陸」の仕事を生業《なりわい》とする人々の目に、海は一体、どのように映っていたのであろうか。そもそも日本語では、文字通り「海」の「外」と書いて外国を意味する言葉になる。また英語でも、太平洋に面した陸地に注目する「環太平洋（Pacific Rim）」、もしくは太平洋を越えることを意識した「トランスパシフィック（trans-Pacific）」という用語が使われることがある。これらの言葉は、太平洋世界がまるでドーナツの輪のような存在、つまり人間の経済活動や社会、文化の形成を考える際に考察の対象となるのが周囲の陸地だけで、太平洋そのものは空白とみなされていることを暗に示している。

また従来の研究では、たとえ太平洋の中央に位置するハワイが視野に入っていたとしても、その周辺の海と移民の労働や生活との関係が取り上げられることは稀《まれ》であった。しかし、たとえハワイの砂糖キビ畑で働く人々にとって、海が日々の労働と無関係な存在であったとしても、ハワイで暮らす日本人移民の多くは魚や米、野菜を中心とする食生活を送っていた。そのため、その日常は、食を通して海とつながっていたのである。

それでは、ハワイの食卓に魚を届けていた人々について、われわれは一体、どれだけ知っているのであろうか。陸の民と比較して、海に生活の拠《よ》り所を求める海の民の数は非常に少なかった。そのうえ、その生活の軌跡《きせき》を映し出す文献資料は乏しい。

しかし陸のプランテーションで働く日本人労働者が白人財閥に搾取《さくしゅ》されていた、まさにその同じころ、海では日本人が操《あやつ》るサンパンと呼ばれる和式漁船が漁場を独占していた。それだけでなく、漁獲物の加工や流通に至る水産業界全体において、日本人が指導的な立場に立っていた。そして世界各地から続々とハワイへやってくる人々の食卓に、重要な蛋白《タンパク》源である魚介類を提供しつづけていたのである。さらに日本の海の民は、陸では自分たちの同胞を搾取していた地元の白人政財界を味方につけ、時にはその人々の口を通して自分たちの声を代弁させ、着々とビジネスの振興《しんこう》を図っていた。

もっとも、海を知り尽くしていたがために背負った苦難もある。一九三〇年代以降、日米関係が悪化すると、日本海軍のスパイとみなされた日本の海の民は、漁船を取り上げられたり、太平洋戦争勃発後に逮捕されたりしただけでなく、その多くが強制収容所に送り込まれた。ハワイの日系住民の多くが強制収容を免れ、数々の制約を受けていたとはいえ、戦時中も自宅で日常生活を送ることができていたにもかかわらず、である。

要するに、日本の海の民がハワイで紡いできた歴史は、陸の民であるプランテーション労働者の体験と大きく異なっているのである。その海の民の物語は、ホレホレ節からにじみ出てくる苦労や我慢、あるいは子どものために自己犠牲を払うといった感情よりはむしろ、地元住民の食生活を支えているという自負や、ハワイで近代的な水産業を立ち上げ、やがて砂糖キビ、パイナップル生産に継ぐ主力産業へ育て上げたことへの誇り、そして「搾取する側」に立っていたはずの人々をも取り込むしたたかさに満ちあふれている。

それでは一体、陸の民の常識が及ばない独自の世界を、なぜ日本の海の民はハワイで作り上げることができたのであろうか。かつてハワイの海の景色《seascape》は長い間、ハワイ人のものであった。しかし一八世紀後半以降、ハワイに進出した欧米人、そしてアジアから流入しはじめた移民によって、その姿は大きく変容する。一九世紀後半以降の日本人による近代的な水産業の興隆、日本軍の真珠湾攻撃によってはじまった太平洋戦争、戦争終結と冷戦による政治的変遷《へんせん》や産業構造の変化、そして今日におけるグローバル化の加速といったように、ハワイの海は大きく変化する時代のうねりを絶えず受け止めてきた。そのような海に進出した日本の海の民は、ハワイで出会ったさまざまな人々と、一体どのような対話《ダイアローグ》を交わしながら生活し、家族やコミュニティを作ってきたのであろうか。そして海をめぐる対話を通して、どのようにしてハワイの水産業を育て、今日に伝えてきたのであろうか。

本書はそのような疑問に対する答えを探るため、これまでのハワイの日本人・日系移民研究の舞台では、ほとんどスポットライトを浴びることがなかった日本の海の民を主役に据《す》え、その周囲の人々との交流を通してハワイの水産業の諸相を描き出す歴史物語である。

I　ハワイにおける日本人漁業のはじまり

ハワイの海とハワイ人

日本列島を含む太平洋は全地表面積の約三分の一を占める、地球上で最も大きく最も深い海洋である。そして、そのほぼ中央に位置するハワイ諸島は、世界の五大陸から最も離れた諸島の一つであり、八つの主要な島々から成る（地図1）。これらは海底火山の噴火と太平洋プレートの移動によって形成されたため、どの大陸とも地続きになったことがない。そのためここには独自の進化を遂げた多くの固有種が生息しており、高等植物の約八九％（約一四〇〇種）、陸鳥の九〇％（一〇〇種）、そして昆虫類が九九％（一万種）と、その割合は非常に高い。ハワイ諸島南端にあるハワイ島、通称ビッグアイランド（Big Island）のキラウエア火

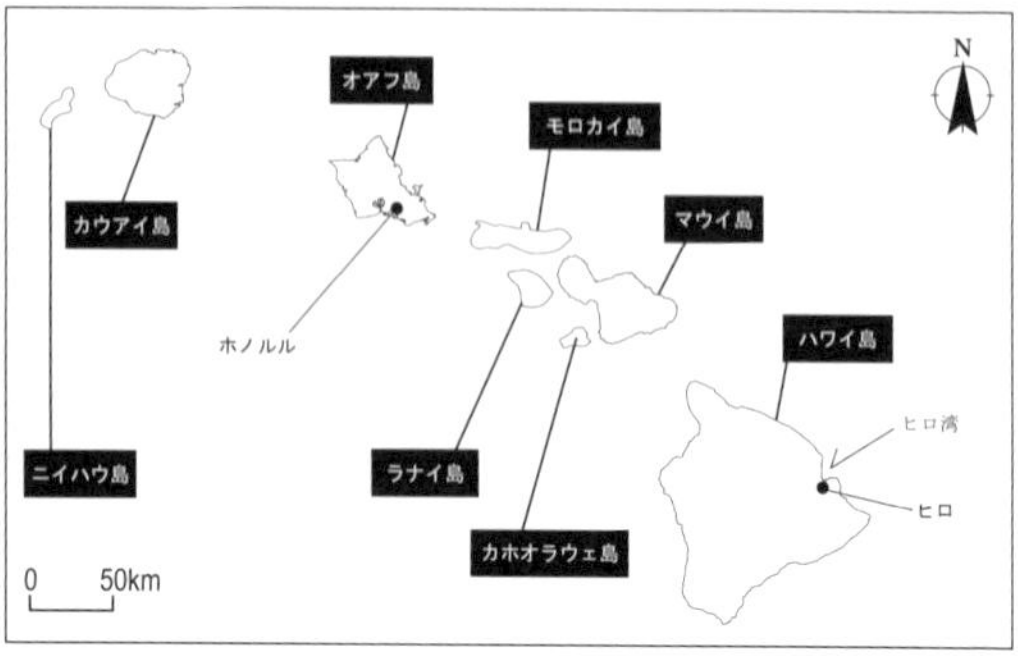

地図1　ハワイ諸島

写真2　ハワイ島のマグマ
ハワイ島ではマグマが冷え固まってできた壮大な光景を目にすることができる。長谷川葵撮影。

山は、現在も活発にマグマを放出しており、噴火口の周辺では、マグマが冷え固まった真っ黒い岩で覆《おお》われた光景を目にすることができる（写真2）。

またハワイ島の中央にそびえる山、マウナケア、マウナロアは、それぞれ標高が四〇〇〇メートル以上あり、冬になると山頂が雪に覆われる。ハワイ諸島を北西の方向に移動するにしたがって浸食が進むため緑が濃くなり、カウアイ島はハワイ島よりもはるかに歴史が古く、島中がジャングルに覆われている。

このように、変化に富んだ自然を持つハワイ諸島の周辺海域は、まるで島々が深海になだれ込むように急に深くなり、周辺の水深は平均で数千メートル、最深部が約九〇〇〇メートルにもなる。そのため海底部分を含めると、ハワイの山々はエベレストよりも高いことになる。さらに周辺海域は寒流が流れているため水が冷たく、珊瑚礁は沖縄の八重山《やえやま》やオーストラリアのグレートバリアリーフのように大きく発達していない。

このような独特の地理的特徴を持つハワイ諸島に人類が到達するまでには、長い年月が必要であった。かつて大陸とつながっていた台湾付近からフィリピン、インドネシア、メラネシアへと、星や太陽、波のうねりなどの知識を活用する高度な航海術を駆使《くし》しつつ拡散してきた人々は、フィジー、トンガ、サモアで千年間ほど停滞する。その後、再び東方へ移動をはじめた人々は、紀元後一〇〇から三〇〇年にマルケサス諸島へ移動し、そこから北はハワイ諸島、東はイースター島（ラパヌイ）、そして南西のニュージーランド（アオテアロア）へと拡散した。また現在では、ポリネシアからさらに東へと航海して南米大陸にまで到達したことがわかっている（地図2）。なお、ポリネシアの赤ちゃんのお尻には、現在も蒙古斑《もうこはん》と呼ばれる青いアザが見られることがある。このことから、ポリネシア人は日本人の遠い親戚であ

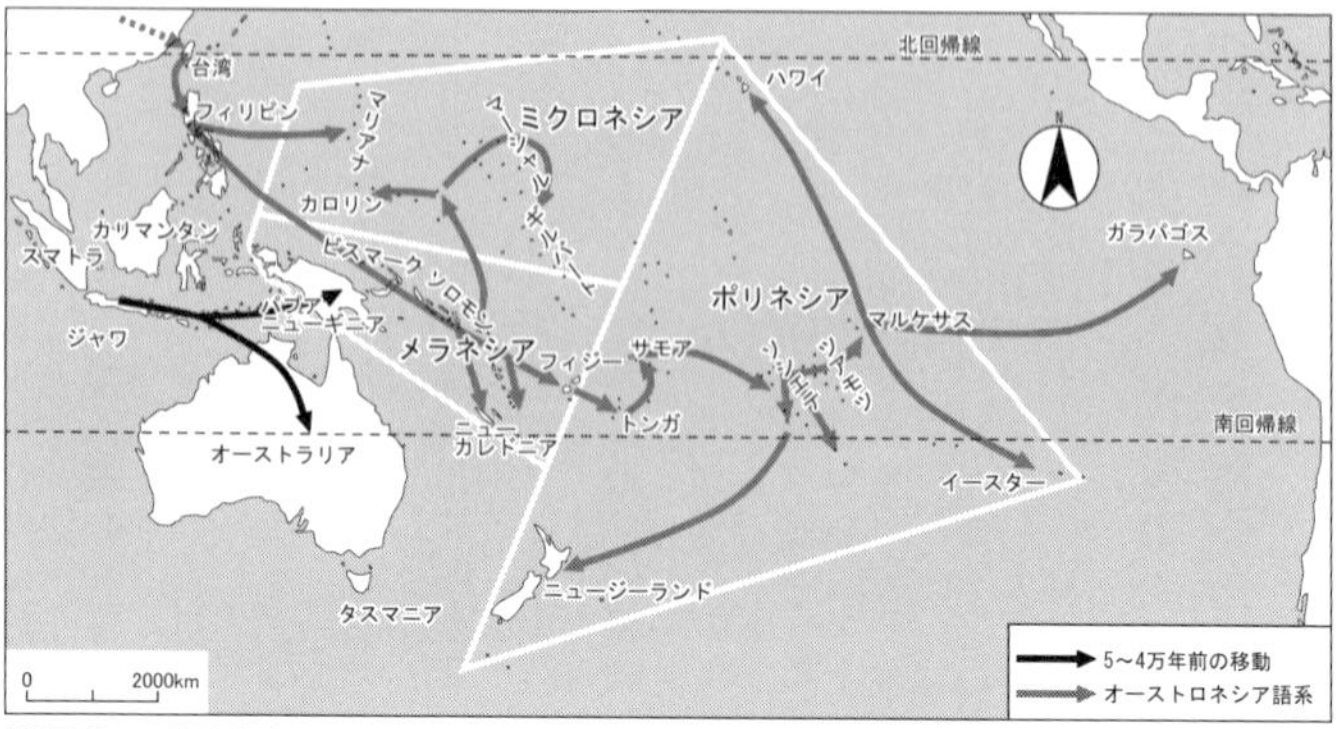

地図２　ポリネシア

ると考えられている。

ダブルカヌー（双胴船）に豚や鶏、飲料水やタロイモ、バナナなどの苗木を積み込んで、何十日間もの船上生活に耐えた末にハワイ諸島へ到達した人々は、マルケサス諸島など出身地との間を何度も往復しながら、次第にハワイへ定着していった。これは西暦八〇〇から一〇〇〇年ごろのことであるから、日本の平安時代である。そして、アリイ（マウィ島ではモイー）と呼ばれる首長《しゅちょう》を中心とする階級社会を築いたハワイ人たちは、男女一緒に食事をしてはならないといった、数々のカプーと呼ばれる禁忌《きんき》（もしくは規制や罰則）に彩《いろど》られた規範を守りながら生活していた。

ハワイ人は陸では主食であるタロイモを育て、海では珊瑚礁に生息する小魚のみならず、沖に出てカツオも獲ったが、カプーによって決まった時期しか漁獲しなかった。これは、カツオがハワイ人の先祖の航海を案内した神聖な魚と信じられていたためであるが、実際には産卵期の乱獲を防ぐ意味もあったようである。また珊瑚礁があまり発達していないハワイでは、首長が海辺に養魚池を造ってボラなどを養殖することもあった。

移動する日本の海の民

広大な太平洋を縦横に動き回り、海の幸を欠かせない蛋白源として生活のなかに取り込んできたハワイ人同様、日本人もまた、海と深い関わりを保ちながら歴史を作り上げてきた。海洋国家である日本には、六〇〇〇を越える数の大小さまざまな島々がある。とりわけ三万キロ以上にも及ぶその海岸線の長さは中国のそれをしのぐ。そして四方を海に向かって開かれたこの国の近海を流れる海流は、昔も今も豊富な水産資源をもたらしている。その豊かな海の幸を求めて、日本の海の民は太古の昔から果敢《かかん》に未知の海へ漕《こ》ぎ出しては、新たな漁場を開拓してきた（地図3）。

海の民は男性だけではない。船の守り神である船霊《ふなだま》信仰の広がりによって、女性が漁船へ乗船すると、女神である船霊が嫉妬《しっと》するとされた。しかしその信仰の強さは地域によってさまざまで、女性が男性とともに漁船に乗り込む地域もあちこちにあった。また海女《あま》と呼ばれ

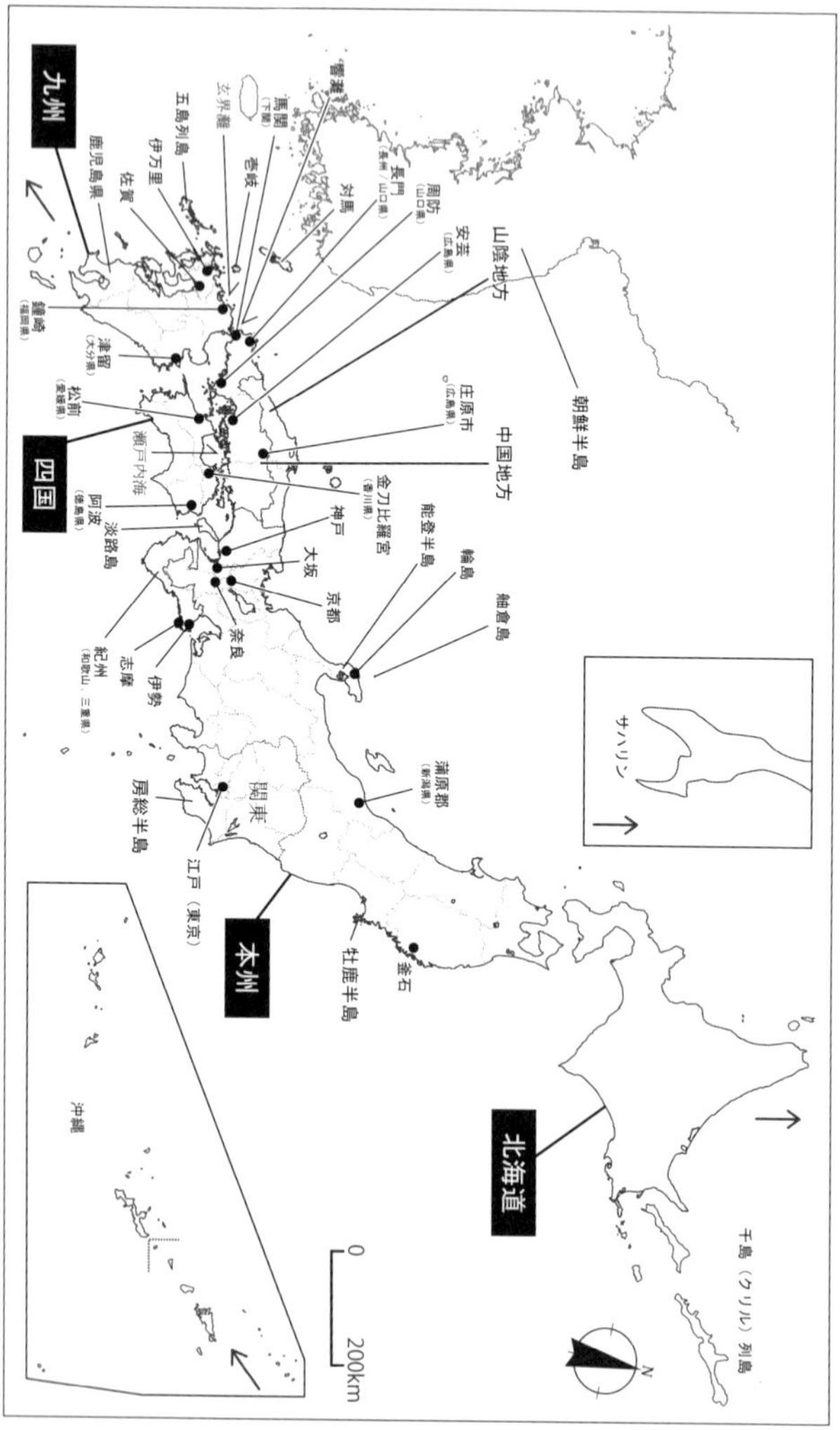
九州
鹿児島県
佐賀
伊万里
五島列島
玄界灘
壱岐
馬関（下関）
響灘
長門（長州／山口県）
対馬
周防（山口県）
安芸（広島県）
山陰地方
朝鮮半島
鐘崎（福岡県）
津留（大分県）
松前（愛媛県）
庄原市（広島県）
四国
瀬戸内海
中国地方
金刀比羅宮（香川県）
阿波（徳島県）
淡路島
神戸
大坂
京都
奈良
能登半島
輪島
舳倉島
紀州（和歌山、三重県）
志摩
伊勢
サハリン
房総半島
関東
蒲原郡（新潟県）
江戸（東京）
本州
牡鹿半島
釜石
沖縄
北海道
0
200km
N
千島（クリル）列島

地図3　日本

る女性たちによる潜水漁も忘れてはならないだろう。福岡県の鐘崎《かねざき》や三重県の志摩《しま》などを拠点として、海に潜《もぐ》ってアワビやサザエなどを獲っていた彼女たちもまた、時には子どもを夫に託して遠くへ出向くことがあった。

そもそも魚はそれ自体が主食となるものではなく、米などと交換したり売りさばいたりする商品である。そのため、漁獲物の加工や流通を担う者も漁民とともに移動したが、このような現場において、女性が果たす役割は大きかった。夫のせっかくの水揚げを他人の手に委《ゆだ》ねるよりは、妻が自分で扱うことによって、利益を家族で独占しようとしたのである。さらに商品としての付加価値をつけるべく、魚の内臓を出す、干す、塩を振る、焼くといった加工を施すのも漁村の女性の大切な役割であった。

こうした漁獲物を売り歩く女性行商人は日本全国どの漁村にもいて、近隣のみならず全国津々浦々《つつうらうら》、時には国境をも越えて朝鮮半島や旧満州（中国東北部）まで出かけていった。現在、日本の山間部や、京都のような内陸部でも魚介類を食する習慣があるのは、男性行商人のみならず、多くの女性たちもまた、人々の食卓に海の幸を届けてきたからである。

このような海の民にとって、海は越えるべき障壁《しょうへき》ではなく、むしろ良い漁場を求めてつねに動き回る「面」にほかならない。土地に経済活動の基盤を置いて生産性を上げようとすればするほど土地に執着しがちな農民とは対照的に、漁民はより多くの漁獲を上げようとすればするほど、広い海域に出漁しなければならなくなる。狭い漁場にしがみつけば漁場が枯《か》れ、漁村が衰退してしまうかもしれないからである。

ハワイへの出漁前史

このように、漁民のみならず漁獲物の流通や加工を行う男女は、絶えず移動を繰り返してきた。とりわけハワイへ多くの漁民を送り込んだ地域は、古くから国内外各地に出漁してきた歴史を持っている。紀州《きしゅう》（現和歌山県および三重県南部）は古代より日本における漁業の先進地で、朝廷に海産物を献納してきた（地図4）。また紀州の漁民は瀬戸内海や房総半島など日本各地の海へ出漁しては、新しい漁網や漁労、操船についての技術を広めてきた。

いわゆる「鎖国」体制が敷《し》かれていた江戸時代においても、紀州の漁民は、まだ領有権が確定していない蝦夷地《えぞち》（現北海道、千島《ちしま》、樺太《からふと》）に進出して漁業を行ったのみならず、サケやマスの人口ふ化事業をはじめ、海運業や材木業などにも手を伸ばす活躍ぶりであった。そして明治時代に入ると、官約移民の開始を待たずして、紀州から真珠貝を狙ってオーストラリアへ、さらにラッコなどの毛皮やサケを求めてカナダやベーリング海へと人々が出かけていった。

一方、古代から都と九州方面を結ぶ「海の大回廊《だいかいろう》」としての役割を果たしてきた瀬戸内海では、多くの島々を抱える複雑な地形と潮流のため、多種多様な海の命が育《はぐく》まれてきた。そして沿岸に点在する町の人々に魚を届けるため、漁業がさかんになった。

江戸時代初期には、それまで紀州を治めてきた大名、浅野家が安芸《あき》（現広島県）に国替えとなったことがきっかけとなって、紀州の漁民も安芸へ進出した。それによって双方の漁民の間で漁労技術や漁具の交流が行われた。

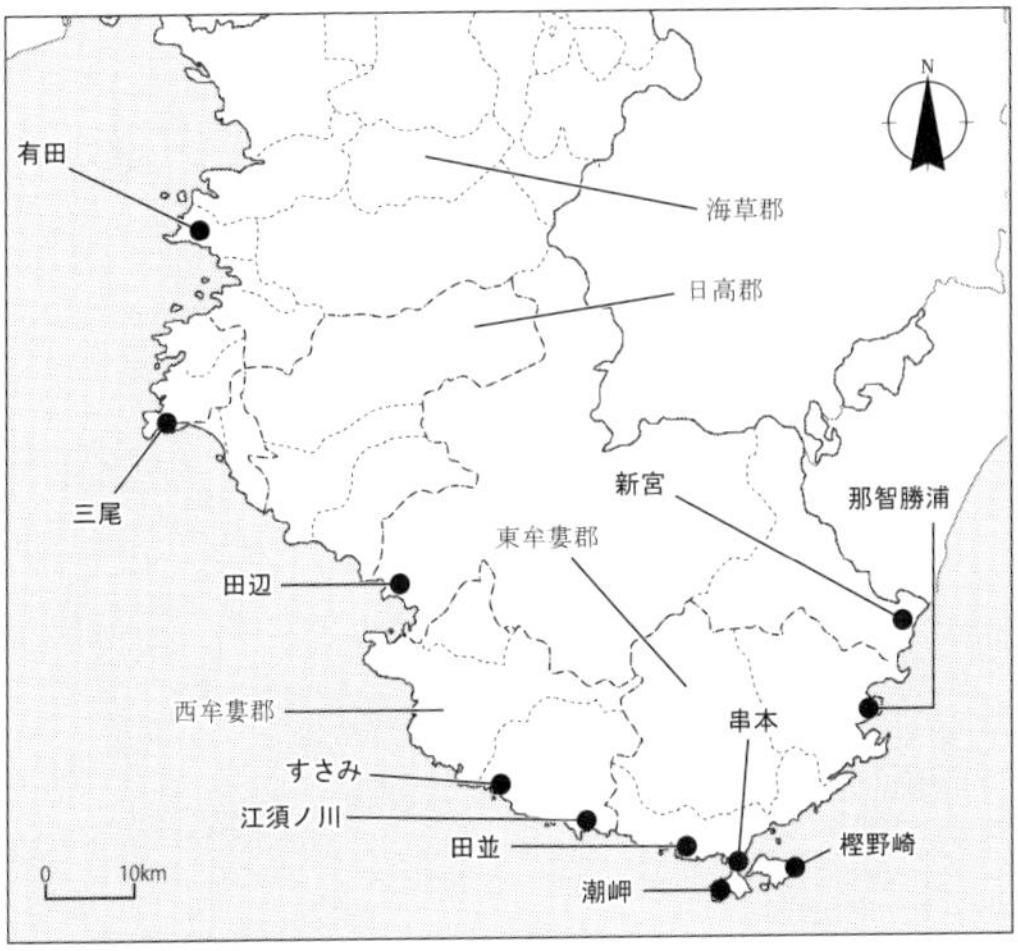

地図4　和歌山県

とりわけ底引き網の一種である紀州の打瀬《うたせ》網《あみ》が、海底が砂地になっている広島湾での漁業で使われはじめると、まもなく打瀬網を引く漁船が広島湾の風物詩となったのである（地図5）。

このような漁業の発展をもたらす交流は、広島湾からさほど遠くない周防《すおう》国（現山口県東部）でも起きていた。一六八六（貞享三）年ごろに、阿波《あわ》（現徳島県）から強くて透明なテグスという糸が周防大島の沖に浮かぶ沖家室《おきかむろ》島に伝わると、島ではこれを釣り糸として使用する釣漁《つりりょう》が発展した。面積わずか一平方キロにも満たず、農耕に適した平地をほとんど持たない沖家室島のすぐ近くには、瀬戸内海有数のタイなどの漁場がある。そのため沖家室島は、釣り上げた魚を生かしたまま瀬戸内海各地や大阪方面に運ぶ漁業の島として栄えるようになった（地図6）。

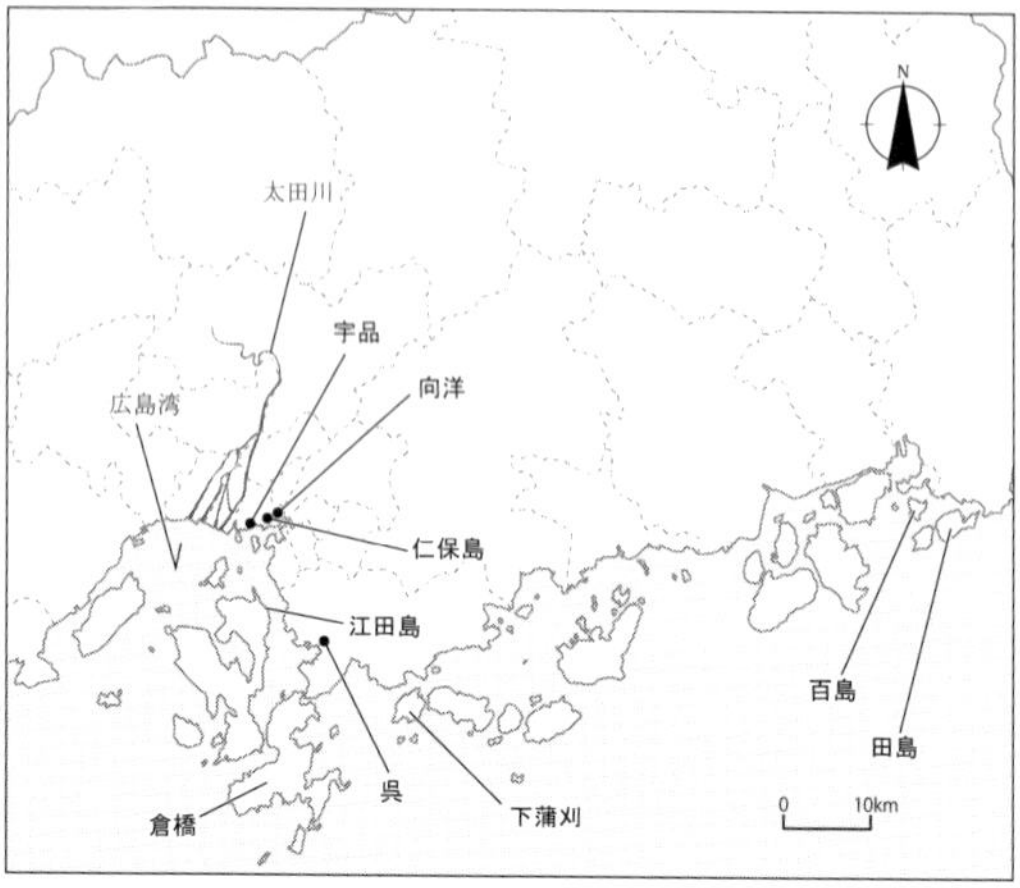

地図5　広島県

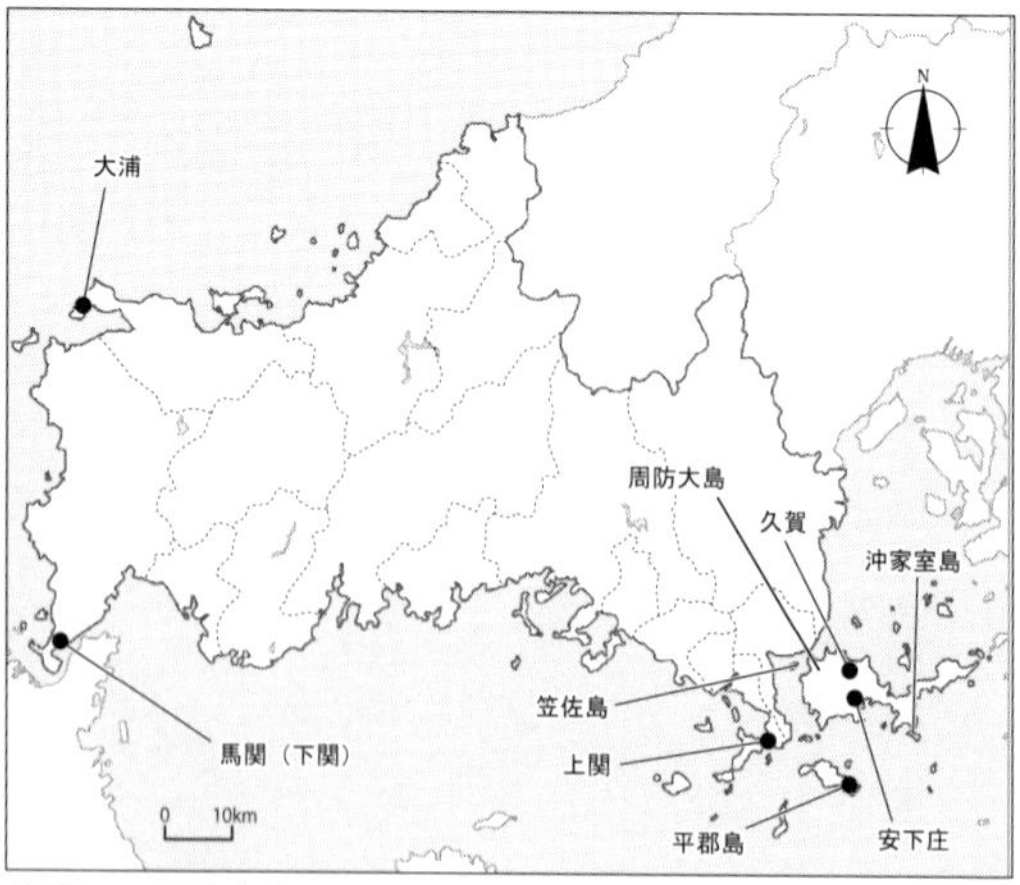

地図6　周防大島

こうして、紀州や阿波から漁具や漁労技術を取り入れた安芸や周防であるが、これらの地域の漁民もまた、中世末期から瀬戸内海を経由して対馬《つしま》や朝鮮半島近海に出漁するなど、長年、広い海域を行き来してきた。江戸時代になると朝鮮海域への出漁が禁止されたが、それでも豊かな漁業資源を狙って、安芸や周防からこの海域にやってきて密漁する者が絶えなかった。要するに、幕末の開国を待たずして、藩や国境を越えて広範囲にわたって漁民が行き来し、海にまつわる技術や情報を交換し合うネットワークが、すでにできあがっていたのである。

このような漁民の高い移動力と機動力を考えると、幕藩体制《ばくはんたいせい》の崩壊と「鎖国」の終焉《しゅうえん》とともに、これらの人々がアジア各地や北中南米沿岸、オセアニア、そして太平洋各地に点在する島嶼《とうしょ》へと拡散したことは、自然ななりゆきであった。また明治政府の琉球処分《りゅうきゅうしょぶん》によって日本へと組み込まれた沖縄の漁民は、新たな漁場を求めて、続々と西日本沿岸各地や東南アジアへと向かった。こうして、数ある漁場のなかからハワイの海の可能性に目をつけ、独自の漁労技術や文化を携えてやってきた日本の海の民が、やがて現地の水産業の礎《いしずえ》を築くことになるのである。

写真3　カメハメハ大王像

これはカメハメハの出身地であるハワイ島カパアウのもので、大王像の左にあるのがアメリカ合衆国国旗、右の旗がハワイ王国国旗（現在はハワイ州旗）である。津田朋佳撮影。

ハワイ王国の樹立

一九世紀後半以降、日本の海の民が向かったハワイ諸島は、そもそも長い間、欧米や日本など外の世界の人々にその存在が知られることがなかった。ハワイ諸島と欧米が初めて接触するきっかけとなったのは、一七七八年のイギリス人ジェームズ・クック率いる船隊の来航であり、それは一四九二年のコロンブスによるアメリカ到達から二八六年もあとのことであった。クックはハワイ人との争いによって命を落としたが、イギリスに帰還した彼の部下によって、ハワイについての知見が欧米に広まった。これ以降、欧米諸国は太平洋進出の拠点としてハワイに注目する一方、ハワイ島北西部のコハラ地方に生まれたカメハメハはイギリス人軍事顧問を雇い、イギリスから取り入れた銃や大砲などの火器を使用してハワイ諸島を統一した（写真3）。

そして一八一〇年にハワイ王国の樹立を宣言すると、カメハメハは欧米との貿易を促進した。その一方でキリスト教の布教を禁止し、数々のカプーを維持したが、カメハメハの死後に王位を継いだ息子のリホリホと、カメハメハの妻の一人で摂政《せっしょう》として政務を執《と》ったカアフマヌは、男女いっしょに食事をしたりするなど、みずからカプーを破った。またカアフマヌをはじめとする多くの王族がキリスト教徒に改宗すると、欧米からキリスト教の布教やビジネスチャンスを求めて、宣教師や商人が次々とハワイにやってきた。

砂糖産業の興隆

やがてハワイに定住した欧米人の子孫が砂糖キビ栽培をはじめた。その一方で火器による戦闘や欧米人が持ち込んだ結核やはしか、インフルエンザといった病に加えて性病やアルコール中毒などによって、クック来航時には少なくとも約二〇万から五〇万人ほどいたとされるハワイ人の人口が、一八三一年には約一三万人となり、一八四九年には八万人へと激減した（Rosenthal, 145）。

そこで砂糖キビプランテーションの経営者は労働者を確保するため、一八三〇年以降になると中国の広東《かんとん》から労働者を導入しはじめた。しかしその多くは契約期間が終了すると自分で商売をはじめるなど、プランテーションを離れた。また一八七八年以降、こんどは砂糖キビ栽培がさかんなポルトガルのマデイラ諸島やアゾレス諸島から、労働者を受け入れた。ポルトガル人の多くはルナと呼ばれる現場監督になった。

こうして、次第に砂糖の生産がハワイ王国の主要産業となるにつれ、プランテーション所有者の勢力がますます強大となった。とりわけ砂糖の輸出先としてアメリカ合衆国の重要性が高まると、ハワイ在住の欧米人のなかでもアメリカ人の発言力が増していった。さらにハワイ王国が一八四八年にマヘレ（もしくはグレートマヘレ）法によって土地の私有という概念を導入し、一八五〇年には外国人の土地所有を認めると、一八九〇年までにハワイ全土の四分の三もの土地が欧米人のものとなった。

こうして、自給自足的な生活を送っていたハワイ人の生活基盤が根本から崩れただけでなく、ハワイ王国の実権が、次第にハワイ在住の欧米人やその子孫の手中に移っていった。日本からの官約移民を受け入れはじめたころのハワイ王国は、その存在そのものが、まるで風《ふう》前《ぜん》の灯火《ともしび》のようになっていたのである。

日本の海の民とハワイの海との出会い

一八八五（明治一八）年一月二〇日に、汽船、東京市号が、最初の官約移民である山口県（四二〇人）や広島県（二二二人）、神奈川県（二一四人）などから集まった九四五人の乗客を乗せて、横浜港からホノルルへ向けて出港し、約二〇日後の二月八日にホノルル港へ入港した。乗客の一人、中村馬太郎《なかむらうまたろう》は山口県周防大島の近くに浮かぶ平郡《へいぐん》島の出身である。ホノルルへ上陸後、ハワイ島の砂糖キビプランテーションへ向かった中村は、そこで労働契約期間の三年間働いたあと、カウアイ島で漁船を造って漁業をはじめた。三〇分足《た》らずの間に、当時としては破格の七ドルから八ドル分の漁獲を上げることもあった。

そのころハワイへやってきた日本人の多くは独身男性であったが、なかには女性や子どももいた。周防大島安下庄《あげのしょう》出身の小原甚九郎《おばらじんくろう》は、プランテーションでの仕事の合間に漁に出て獲った魚を妻が売り歩いたところ、一夜にして数十ドルのもうけになったこともある。また周防大島近くの笠佐島《かささじま》から、夫の吉左衛門と二人の子どもとともに東京市号でハワイへやってきた栗原ノブは、ハワイ島の砂糖会社で三年間働いたあと、子どもたちの教育のためにホノルルへ移った。しかし、なかなか仕事が見つからなかったため、オアフ島へイアで夫とともに漁業をはじめ、さらに土地を借りて野菜作りも行って生計を立てた。

周防大島をはじめ、多くの住民を官約移民としてハワイへ送り込んだ西日本の沿岸部では、農業のかたわら漁労にも従事する半農半漁《はんのうはんぎょ》の集落が多かった。そのため、小原のようにプランテーションでの就労の合間に漁労に従事したり、中村や栗原夫妻のように、労働契約期間の終了後に漁業をはじめたりする者が現れたのである。しかし、沖家室島から官約移民としてハワイへ渡った漁民は少なかった。一九世紀後半にかけて、沖家室島では瀬戸内海の各海域や朝鮮半島周辺などへの出漁がさかんに行われていたため、わざわざハワイへ向かう必要がなかったためであろう。

ハワイ人の漁業

中村や小原、栗原一家がやってきたころのハワイの漁業の主役は、中国人やハワイ人漁民であった。中国人はホノルル湾内などの浅瀬で網漁《あみりょう》を行い、おもに中国人が好むボラを獲っていた。またハワイでは、古くから建設や維持管理のために多大な労力を要するボラなどの養魚池を持つことが、首長の権力の象徴とされており、ハワイ王国にとっても養殖業は重要な産業の一つであった。一九〇〇年時点でハワイ各地に一〇三カ所の養魚池があり、そこで生産される養殖ボラは高値で取引されていた。ホノルル湾を航行中の船舶が漁網を切断して死傷者を出す事故が起きると、ホノルル湾内での漁網の使用が禁止され、次第に中国人がハワイ人所有者から養魚池を買い取って養殖業に参入しはじめた。

そのころハワイ人は、湾口や珊瑚礁に生息するさまざまな種類の魚を獲って食べていた。ハワイ諸島では、カプーのため首長のように豚や犬、鶏や野鳥などの肉を口にすることができない平民層にとって、魚介類は欠かすことのできない蛋白源であり、それはカプーが廃《すた》れたあとも変わらなかった。またハワイ人漁民は沖合でカツオ漁も行っており、ネフ（ハワイアンイワシ）やイアオ（トウゴロイワシ）などの生き餌《いえ》を入れる生け簀《いす》を備えた単艘、もしくは二艘のカヌーに乗り込んで、陸から一・六キロほど沖合に出てパー（*pā*）という擬似餌《ぎじえ》を用いてカツオの一本釣りをしていた。

伝統的にハワイ人は、自分たちが食べる分だけの魚を獲ると、それをアフプアアと呼ばれる自給自足的なコミュニティの成員の間で分け合った。多くのアフプアアは海辺から山間部に向かって細長く区切られ、人々はそのなかで生産される海の幸と山の幸を交換し合いながら暮らしていた。また、オハナと呼ばれる、同じ村落の延長上にある家族ともいうべき人々の間で食べ物を交換し合うことで、オハナの健全な結束を図っていたのである。

もっとも、ハワイ王国にはかつて捕鯨《ほげい》基地として栄えた歴史がある。欧米で進展した工業化によって鯨油《げいゆ》の需要が高まると、最盛期の一八世紀なかばにはアメリカやイギリスから約一万七〇〇〇隻もの捕鯨船がハワイの海へやってきた。これらの捕鯨船に乗り込むハワイ人も多く、一八四〇年代にはハワイ周辺を含む太平洋で操業するアメリカの捕鯨船団の乗組員の約二割が、ハワイ人だったとみなす研究もある（D'Arcy, 136）。しかし乱獲による鯨の減少に加えて、石油が鯨油に代わって広く使用されるようになると捕鯨は廃れ、やがてハワイの漁業は再び自給自足的なものに戻っていった。

ハワイ人や中国人漁民との軋轢

自給自足的な漁業から、商品としての魚を大量に獲って大量に売りさばく近代的な漁業へと、ハワイの漁業を転換する大きな原動力となったのは日本人である。なかでも紀南《きなん》と呼ばれる和歌山県南部の田並《たなみ》（現串本町）からやってきた中筋五郎吉《なかすじごろきち》は、ハワイにおける近代的漁業の立役者とされている。もっとも中筋は最初、ハワイではなくオーストラリアへ渡ってひと稼ぎする夢を持っていた。

明治時代に入ると、紀南から若者が続々とオーストラリア北部のアラフラ海に浮かぶ木曜島や西部のブルームへ渡って真珠貝（白蝶貝《しろちょうがい》）潜水漁に従事し、数年で家を建てて家族を養うだけの稼ぎを得て帰国していた。その当時、真珠貝はおもに高級ボタンの材料として欧米で珍重《ちんちょう》されており、海底に生息する真珠貝を獲る潜水の技術を持つ南紀の漁民にとって、オーストラリアは良き出稼ぎ先であった。また現地で漁民を束《たば》ね、採貝業の経営に乗り出して成功する日本人も出現していた。しかし一九〇一年にオーストラリア連邦が成立すると、有色人種の移住や現地での採貝業を厳しく制限する白豪主義《はくごうしゅぎ》を布《し》いたため、中筋は当初の計画を断念せざるをえなくなった。

ちょうどそのころ、紀南からカナダへ向かっていた中筋の友人が、途中に立ち寄ったハワイから一通の手紙をよこした。そこには現地の「幼稚」なカツオ漁の様子が詳細にしたためられており、その手紙を読んだ中筋は、ハワイにおけるカツオ漁の可能性を直感した。そこで祖母の遺産を使って漁船を造ると、それを漁網などの漁具とともに汽船に積み込んで送り、自身は別の汽船で妻ヤエノと子ども、それに二人の漁民をともなってハワイへ向かった。一八九九（明治三二）年のことである。

ホノルル沖で操業を開始した中筋は、紀南から持ち込んだ漁船がハワイ人のカヌーよりも多くの生き餌を収容することができたため、その七隻分の仕事をこなした。さらに中筋は、ハワイ人の禁漁期を怠惰《たいだ》のせいとみなして、一年中カツオを獲りはじめた。カツオの供給量が飛躍的に増えて値段が下がり、生活が成り立たなくなることをおそれたハワイ人漁民は、沖に出たらカヌーからオールを上げ、それを合図に中筋を殺しにかかるという計画を立てた。しかしその計画を中筋に知らせたのもまた、漁場で親しくなったハワイ人であった。そして沖でオールが上がるのを見た中筋は、帆にいっぱいの風をはらませて逃亡した。紀南の漁船がスリムかつ軽量に造られていて足が速かったおかげで、中筋は命拾いをしたのである。

このような、ハワイの海の新参者である日本人漁民に対する暴力的な排斥は、中筋がいるホノルルのみならず、ほかの場所でも起きていた。一九〇八（明治四一）年に九歳で家族とともにハワイへやってきた揚野貫三郎《あげのかんざぶろう》は、マウイ島で漁業をはじめた父親が、ハワイ人や中国人漁民から、たとえ嵐からの避難であっても港を使わせてもらえず、魚の多いところで漁労を禁止されるといった扱いを受ける様子を見て育った。もっともある日、柔道と相撲の心得があった父親が、襲いかかるハワイ人を投げ飛ばしたところ、このような妨害行為はやんだという。

海に関する知識や技術の交流

ハワイに現れた日本人と、ハワイ人などほかのエスニックグループの漁民の関係が、暴力的な争いばかりに彩られていたわけではない。とりわけハワイ人漁民との間で、ハワイの海や魚に関する知識や漁法、漁具などについて活発な知識の交換が行われたことで、やがてアジやハマチ、シビ（マグロ）など、数多くの日本語の魚の名前が地元に定着していった。また日本人は投網《とあみ》の技術をハワイに導入したとされており、またたく間にハワイ人の間で広まって珊瑚礁などの浅瀬の波打ち際《ぎわ》で使用されるようになった。

その一方で、ハワイ人は日本人にケンケンと呼ばれる擬似餌を伝えた。これはポリネシアで広く使用されている鳥の羽と真珠貝を用いて作ったもので、これをハワイから南紀に持ち帰った漁民が、オーストラリアのアラフラ海から持ち込んだ真珠貝を使って再現した。ハワイとオセアニアの漁業文化の結晶ともいうべきこのケンケン擬似餌は、現在も南紀を中心に広く使用されている。さらに三本の帆を用いることによって、前、後ろ、横からの風でも自由に航行できるように工夫したケンケン船と呼ばれる漁船の図面も、南紀に持ち込まれた。一九六〇年代にプラスチック船が現れるまで、ケンケン船は田並や周参見《すさみ》を中心に使用されていた。こうして、日本人がハワイの海に進出したことによって、日本とハワイの間で海にまつわる知識や技術の交流がさかんになり、今日までその影響が強く残ったのである。

ハワイ王国の滅亡とアメリカによるハワイ併合

一九世紀後半のハワイは政治的な激動の嵐のまっただなかにあった。官約移民を開始するために、明治政府と条約を結んだことで知られるカラカウア王は、卑《ひ》わいで野蛮だという欧米人の意見によって、それまで公の場で禁止されていたフラを推奨するなど、ハワイの伝統文化の復興にも力を注《そそ》いでいた。カラカウア王につけられたメリーモナーク（陽気な王様）というニックネームを冠したメリーモナークフェスティバル（一九六四年から毎年ハワイ島ヒロで開催されているフラのコンテスト）は、カラカウア王のハワイ文化に対する大きな貢献を今日に伝えている。

しかしその一方で、贅《ぜい》を尽くしたイオラニ宮殿の建設や王の外遊によって、王国の財政は赤字が累積していた（写真4）。その施政に不満を抱いた欧米系住民の圧力によって、カラカウア王は、王権を制限し、多くのハワイ人から参政権を奪う、いわゆる銃剣（bayonet）憲法

写真4　イオラニ宮殿
カラカウア王が建設した。小さいながら贅を尽くしたつくりである。筆者撮影。

を一八八七年に承認することを余儀《よぎ》なくされた。一八九一年にカラカウアが逝去し、妹のリリウオカラニが女王の座に就《つ》くと、女王は王権とハワイ人の権利を再び強化する新たな憲法の制定を試みた。この動きを察した親米派住民と、ハワイに駐留《ちゅうりゅう》中の米軍がクーデターを起こしてリリウオカラニを退位に追い込んだ結果、一八九三年にハワイ王国は滅んだ。

もっともアメリカのスティーブン・グロバー・クリーブランド大統領（在職一八八五―八九年、一八九三―九七年）はハワイ併合に否定的な立場を取ったため、ハワイの親米派は実業家のサンフォード・ドールを大統領とするハワイ共和国を成立させた。その後一八九八年に米西《べいせい》戦争が勃発すると、スペインの植民地であったフィリピンも戦場となった。そしてアメリカ大陸からフィリピンへ向かう途中に位置するハワイの戦略的重要性を認識したウィリアム・マッキンレー大統領（在職一八九七―一九〇一年）とアメリカ連邦議会によって、ハワイ共和国はアメリカに併合された。

このような動きに抗《あらが》うべく、ハワイ人側は、全ハワイ人人口の約五五%に相当する人数分の併合反対署名を集めて連邦議会に提出したが、その切実な声がワシントンの政治家に届くことはなかった（写真5）。一八九八年八月一二日、イオラニ宮殿に掲げられていたハワイ共和国（元ハワイ王国）国旗が引き下げられ、代わりに星条旗が掲揚されたその日、式典に出席したハワイ人はほとんどおらず、リリウオカラニ元女王をはじめ、多くのハワイ人は窓のブラインドを閉め、悲しみのなかで時を過ごしたという。

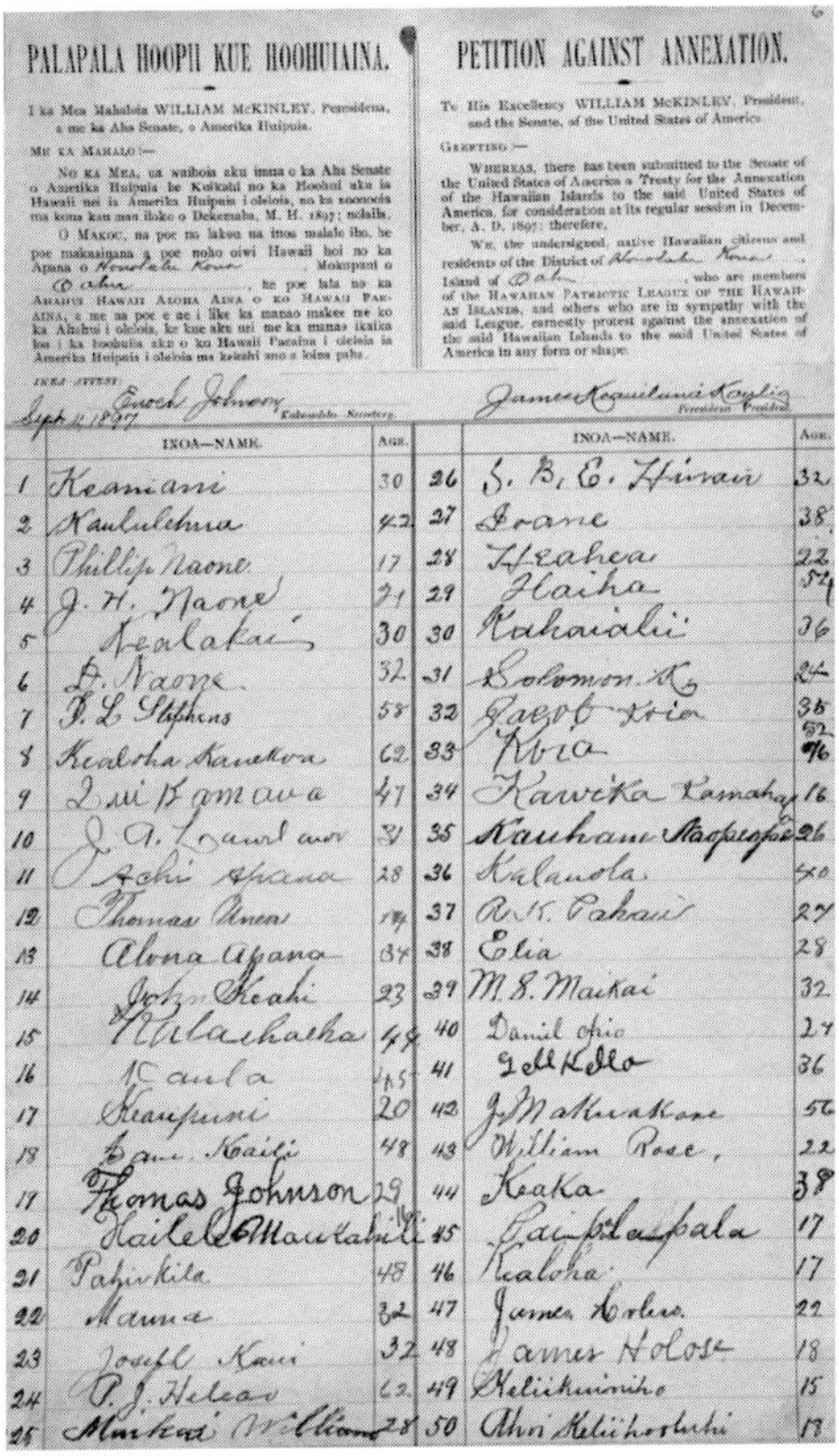

PALAPALA HOOPII KUE HOOHUIAINA.

I ka Mea Mahaloia WILLIAM McKINLEY, Peresidena, a me ka Aha Senate, o Amerika Huipuia.

ME KA MAHALO:—

NO KA MEA, ua waihoia aku imua o ka Aha Senate o Amerika Huipuia he Kuikahi no ka Hoohui aku ia Hawaii nei ia Amerika Huipuia i oleloia, no ka noonoia ma kona kau mau iloko o Dekemaba, M. H. 1897; nolaila,

O MAKOU, na poe no lakou na inoa malalo iho, he poe makaainana a poe noho oiwi Hawaii hoi no ka Apana o Honolulu Kona, Mokupuni o Oahu, he poe lala no ka AHAHUI HAWAII ALOHA AINA O KO HAWAII PAEAINA, a me na poe e ae i like ka manao makee me ko ka Ahahui i oleloia, ke kue aku nei me ka manao ikaika loa i ka hoohuia aku o ko Hawaii Paeaina i oleloia ia Amerika Huipuia i oleloia ma kekahi ano a loina paha.

PETITION AGAINST ANNEXATION.

To His Excellency WILLIAM McKINLEY, President, and the Senate, of the United States of America.

GREETING:—

WHEREAS, there has been submitted to the Senate of the United States of America a Treaty for the Annexation of the Hawaiian Islands to the said United States of America, for consideration at its regular session in December, A. D. 1897; therefore,

WE, the undersigned, native Hawaiian citizens and residents of the District of Honolulu Kona, Island of Oahu, who are members of the HAWAIIAN PATRIOTIC LEAGUE OF THE HAWAIIAN ISLANDS, and others who are in sympathy with the said League, earnestly protest against the annexation of the said Hawaiian Islands to the said United States of America in any form or shape.

IKEA AYERSI: Enoch Johnson, Kakauolelo. Secretary.　Sept 11 1897

James Keauiluna Kaulia, Peresidena. President.

	INOA—NAME.	AGE.		INOA—NAME.	AGE.
1	Keaniani	30	26	S. B. E. Hinau	32
2	Kaululehua	42	27	Doane	38
3	Phillip Naone	17	28	Keahea	22
4	J. H. Naone	21	29	Haiha	57
5	Kealakai	30	30	Kahaialii	36
6	D. Naone	32	31	Solomon K.	24
7	P. L. Stephens	58	32	Jacob Koia	35
8	Kealoha Kanekoa	62	33	Koia	96
9	Lui Kamaua	47	34	Kawika Kamaha	16
10	J. A. Lawrence	31	35	Kauhane Naopapa	26
11	Achi Apana	28	36	Kalauola	40
12	Thomas Anea	17	37	R. K. Pahau	27
13	Alona Apana	34	38	Elia	28
14	John Keahi	23	39	M. S. Maikai	32
15	Kalaikaika	44	40	Daniel Opio	24
16	Kaula	45	41	J. M. Kelo	36
17	Keaupuni	20	42	J. Makuakane	56
18	Sam. Kaili	48	43	William Rose	22
19	Thomas Johnson	29	44	Keaka	38
20	Haileleu Maulahili	16	45	Kaipalaupala	17
21	Pahiekila	48	46	Kealoha	17
22	Mauna	32	47	James Holua	22
23	Joseph Kaui	32	48	James Holoa	18
24	P. J. Heleas	62	49	Keliikuinihe	15
25	Maikai William	28	50	Ahui Keliihoolehi	18

写真5　ハワイ併合反対の署名

男女別に分かれてそれぞれ名前と年齢が署名されている。このページの署名者の最年少は15歳である。アメリカ国立公文書館所蔵。

日本人漁民の増加

ハワイが大きな政治的変貌《へんぼう》を遂げるなかで、ハワイ王国と友好関係にあった明治政府は、クーデター直後に在留邦人保護の名目で、浪速《なにわ》（東郷平八郎《とうごうへいはちろう》艦長）と金剛《こんごう》の二隻の戦艦をハワイに派遣した。太平洋においてアメリカが勢力を拡大することに対する牽制《けんせい》である。

このように大きく変化する日米関係とハワイの政変のなかで、ハワイの日本人労働者の立場もまた変わった。王国の滅亡後、ほどなくして政府主導の官約移民制度が終了すると、民間の移民会社による移民、いわゆる私約移民がそれに取って代わった。さらに一八九八年のアメリカによる併合によってハワイがその準州となると、アメリカ合衆国憲法が適応されるようになった。その結果、ハワイにおける契約移民の制度そのものが違法ということで無効になり、日本人は自由に職業を選べるようになった。

それまでは、一八九五年に紀南の田並からやってきた矢部五郎吉《やべごろきち》のように、当初ハワイ島の砂糖キビプランテーションで働きはじめたものの、契約期間の終了を待たずにプランテーションを脱出すると、連れ戻されないように姓を変えてハワイ島ヒロのココナッツ島でカツオ漁に従事した者もいた。しかし契約移民の廃止とともに、このような試みは不要となったのである。

二〇世紀に入るとハワイの日本人の人口は急激に増加した。一九〇〇年に約五万人（ハワイ全人口の約四割）であった日本人の数は、その後の八年間で約六万五〇〇〇人まで増えた。それらの多くが日々の食生活において米を主食とし、魚をおかずとしたため、魚介類の需要は高まる一方であった。

そこで前述の中筋五郎吉は、生き餌を獲るために集魚灯《しゅうぎょとう》を使いはじめたり、マグロ延縄《はえなわ》漁法を考案したりして漁獲高を増やす試みを重ねた。またハワイで最初にガソリンエンジンを漁船に導入するなど、漁法や漁具の工夫を重ねるかたわら、中筋はプランテーションで働く漁業経験者に声をかけた。プランテーション労働者が一週間に一八ドルの賃金を得ていたときに、漁業では三〇―四〇ドルの稼ぎになったため、勧誘はそれほど難しくなかった。さらに中筋は、郷里の田並から約二五〇人の漁民をハワイに呼び寄せる一方、彼のハワイでの成功に触発《しょくはつ》された若者もまた、次々と南紀からハワイへやってきた。

ハワイに至るさまざまな路

通常、プランテーションなどの農業従事者は、出発点である郷里から目的地であるハワイまで、横浜などを経由することはあれ、「まっすぐに」やってくることが多かった。しかし漁民が郷里からハワイへ至る路《ルート》は、複雑かつ多方向性に富んでいただけでなく、密航者もまた多いという特徴を備えていた。

たとえば南紀の串本出身の小峰平助《こみねへいすけ》は、最初にパスポートなしで上陸できるボルネオのサンダカンへ渡ると、そこの領事館に出向いて兄がいるフィリピンへの上陸許可を得た。フィリピンで兄の商売を手伝ううちに、船乗りになりたいと思いはじめた小峰は、兄の友達の誘いで二等機関士としてニューヨーク行きの船に乗り込んだ。途中、船がホノルルに寄港すると、現地在住の従兄弟《いとこ》から誘われて夜中に船から海に飛び込むと、従兄弟の小船に乗り込んだ。そしてホノルル港へたどり着くと、その後はカツオ漁船に乗り込んで働いた。密航から五年後に税関の役人に捕まったが、まもなく釈放された。当時のハワイは密航者の取り締まりがあまり厳しくなかったのである。

小峰のように、船員としてホノルル港などアメリカ各地に入港し、夜中に海へ飛び込んで密航するという行為は、当時の南紀で広く行き渡っていた。高い操船技術と泳力を備えた漁民にとって、海を渡る路は無数にあった。そしていったん上陸してしまえば、同じ和歌山県出身者が仕事や生活の面倒をみてくれた。さらに、このような密航に加えて、水害によって移民の割り当てが多かった新潟県蒲原郡《かんばらぐん》などに本籍を移したうえで、「合法的」に渡航許可を得てハワイへ渡る者も多かった。また和歌山県出身の漁民の多くは、ハワイからアメリカ本土やカナダへと渡る者も多く、ハワイは太平洋を横断する経由地でもあった。

日本人漁船船団の誕生

こうして紀州の漁民は太平洋を縦横に動き回ったが、そのような動きの副産物として、やがてハワイで「紀州カツオ組」と呼ばれるカツオ一本釣り船団が形成された。さらにハワイでは山口県、広島県出身の漁民も増加の一途をたどったが、なかでも沖家室島出身者の台頭は目を見張るものがあった。もっとも沖家室島では、前述のように、一八八〇年代から九〇年代にかけて、瀬戸内海各海域や朝鮮半島周辺への出漁がさかんに行われていた。しかし一九〇二年に起きた朝鮮海域での遭難事故によって、二隻の漁船とその乗組員を失った。それに加えて二〇世紀初頭になると、朝鮮海域が日本各地や朝鮮沿岸からやってきた漁船で過密状態となってしまった。

そこで沖家室島の漁民は、日清戦争後に日本の植民地となり、日本人の人口増加が見込まれた台湾や、中国の青島《ちんたお》、そしてハワイの海に新たな活路を見出しはじめたのである。こうして沖家室島からハワイへやってくると、次々に縁故のある者を郷里から呼び寄せ、沖家室船団はハワイで急速に拡大した。一九一五年前後には、ホノルルで四六人、ハワイ島ヒロで五七人、マウイ島で四人、カウアイ島で五人が操業していたが、その四年後にはホノルルで八四人、ヒロで九〇人、マウイ島で一三人、カウアイ島で九人となった。沖家室島からは多くの漁民が日本国外へ移住していたが、ハワイ在住者は台湾や朝鮮在住者よりも多かった

（泊清寺『かむろ復刻版1』『同2』『同3』より算出）。この島は住民が最も多い時期でも「かむろ千軒」と謳《うた》われた人口規模である。そのことを踏まえると、いかに多くの住民が沖家室島からハワイへ渡ったかがわかる。

このような動きと裏腹に、ハワイ人漁民の人口は減少の一途をたどった。この傾向は、とりわけハワイ島、ラナイ島、マウイ島で著《いちじる》しかった。もっともハワイ人による漁業は、その漁船船団の規模こそ次第に日本人に圧倒されていったものの、自給自足用の漁労を入れれば、少なからぬ数の人々が漁業に携わりつづけていた。さらに少しずつではあるが、米西戦争のあとアメリカの植民地となったフィリピンからやってきた人々など、ほかのエスニックグループの漁民も、沿岸部で小規模な漁労に従事しはじめていた。

日本人漁業会社の設立

ハワイ人や中国人などの先輩漁民と、時に対立したり、協力し合ったりしながら、やがて日本人漁民は同郷の魚行商人らとともに資金を出し合い、漁業会社を設立した。最も古いものが、沖家室島からやってきた北川磯次郎《きたがわいそじろう》と松野亀蔵《まつのかめぞう》らが中心となって、一九〇七年にハワイ島ヒロに設立したスイサン株式会社である。松野はヒロ郊外で漁業に従事していたおじの招きで一九〇二年にハワイへ渡ったが、プランテーションで就労した記録はない。そしてハワイ島のヒロ湾に面したヒロの街に形成されていた、小さな日本人漁村で魚の仲買をはじめると、同郷の魚行商人、北川と手を組んで、ヒロのゲア魚市場を買収して生まれたのが、このスイサン株式会社である。またこのとき、五ドルの株を買ってスイサン株式会社を支えたのが、ヒロを拠点とする漁民や鮮魚商人で、その多くが沖家室島出身者であった（写真6）。

写真6　ヒロの和式漁船
ワイアケア川に浮かぶ和式漁船。20世紀初頭と思われる。このころはまだ完全に動力化されていなかった。これらの漁船はサンパンと呼ばれた。ハワイ州立公文書館所蔵。

さらに仁保《にほ》島（現広島市南区仁保）をはじめとする広島県出身者もまた、この新しい漁業会社に出資したり経営に参加したりした。広島湾に位置する仁保島は、明治時代に入って行われた大がかりな埋め立てによって漁場を失うまで、住民の多くが半農半漁の生活を送っており、朝鮮海域へ出漁する者もいた。しかしそこで多くの漁船と競争するよりは、とハワイへやってくる者も多かったのである。

ヒロより一年遅れの一九〇八年に、ホノルル市内でも布哇《はわい》漁業会社が誕生した。もっともこちらは、漁民や鮮魚商人らが出資して設立したスイサン株式会社と異なり、ホノルルの日本語新聞社、日布時事《にっぷじじ》を経営する相賀安太郎《そうがやすたろう》や、布哇新報社《はわいしんぽうしゃ》の芝染太郎《しばそめたろう》、山城ホテルを経営する山城松太郎《やましろまつたろう》など、日本人コミュニティの指導者による働きかけがきっかけとなって誕生したものである。もともとホノルルの鮮魚流通は中国人が握っており、中国人が経営するオアフ魚市場が、ホノルルで水揚げされる鮮魚を一手に扱っていた。しかし一九〇八年に「辰丸事件」が起きると事態は急変した。

この事件の概要は次の通りである。マカオ沖で日本の貨物船、第二辰丸《だいにたつまる》が、清国官憲に密貿易の疑いで拿捕拘留《だほこうりゅう》されたところ、日本政府側が清国政府に対して、第二辰丸の即時釈放と賠償を求めて抗議した。すると清国政府が日本側の要求をほぼ全面的に受け入れる形で日本に対して謝罪し、第二辰丸を釈放した。これを侮辱ととらえた中国人による日本製品ボイコット運動がはじまると、その影響がハワイにも飛び火した。中国人鮮魚商人が日本人漁民の漁獲の買い上げを拒否したため、その販路を確保するべく、相賀らが設立したのが布哇漁業会社である。

国籍や人種を超えた協調関係

さらに布哇漁業会社の設立から二年後の一九一〇年には、山城松太郎が太平洋漁業会社を設立した。山城は広島県仁保島の出身で、プランテーションで六年間働きながら貯めた資金で旅館業をはじめた。一九〇九年にオアフ島のプランテーションで働く日本人労働者が、待遇改善を求めてストライキを起こしたときには、経営する山城ホテルを話し合いの場として提供するなど、山城は日本人社会全体への貢献を重視していた。その一方で、中国人や白人商人との人脈も豊富な山城は、中国人を太平洋漁業会社の副社長に就任させるなど、日中共同経営の形を取った。これは当時の水産流通業界において、大きな影響力を持っていた中国人商人と手を組んだためである。

このような国籍を超えた協調関係を作ることは、プランテーション社会では珍しかった。なぜなら、プランテーションでは、労働者同士が団結してストライキを起こさないよう、人種や国籍などによって就ける仕事や賃金に格差を設けるなど、労働者の「分断統治」とも言うべき労務管理がなされていたからである。事実、前述の一九〇九年のオアフ島大ストライキは、日本人労働者が主体であったため、中国人やハワイ人、ポルトガル人などが「スト破り」として日本人よりも高賃金で雇用された。日本人がフィリピン人労働者と共同でストライキを起こして、経営側から大幅な待遇改善を勝ち取るのは、一九二〇年のことである。このことから、水産業界ではエスニシティによる分断よりも、同業者同士の協力関係を求める力の方が、より強く働いていたことがわかる。

また一九一四年にはホノルル漁業会社が誕生した。この会社の設立の手助けをした貴多鶴《きだつる》松《まつ》は中筋五郎吉の弟子で、紀南の江須ノ川《えすかわ》（現すさみ町）という小さな集落出身である。貴多はカツオ漁で成功し、故郷の春日神社にちなんで名付けた春日丸Ⅰと春日丸Ⅱという二隻の漁船を所有していた。そのかたわら、和歌山県人会や漁船船主組合などの結成のために力を尽くし、密航者の支援活動を行うなど、ハワイの和歌山県出身者の中心人物であった。この貴多の参画が示すように、ホノルル漁業会社は、ほかの二つの会社よりも多くの和歌山県出身者の所有漁船を抱えていた。もっともこのような、出身県で区別する意識は、時代が下るにつれて弱くなった。

ハワイの海の主人公へ

こうして次々に漁業会社が誕生したことによって、ハワイの日本人漁業は大きく発展した。折《おり》しも一九一七年にハワイにおける日本人の人口は一〇万人を超えた。やや時代が下るが一九二〇年におけるハワイの総人口が二五万人強であるから、このころのハワイは日本人だらけの状態になっていたとも言えよう。その日々の食卓に魚を届けるため、漁業会社は腕の立つ漁民に漁船を持たせようと、銀行から造船の費用を借りるための保証機関になったり、直接費用を援助したりした。そして万一、漁船が遭難した場合は、会社の費用負担で救助活動を行い、遭難者遺族の世話をした。このように、漁業会社は漁民のパトロンとしての役割を果たし、さまざまな支援を行うことと引き替えに、所属漁船は会社が経営するセリ市場に水揚げをし、会社に売り上げの五分から一割の料金を手数料として支払った。

このような仕組みによって、資金のない漁民でも漁船を持つことが可能になった。そのため、まもなくホノルルのケワロ湾やハワイ島のヒロ湾などは、「サンパン」と呼ばれる和式漁船でいっぱいになった。前述の和歌山からの密航者、小峰平助もそのような漁民の一人で、小峰は密航当初、小さい漁船の乗組員として働きはじめたが、やがて漁業会社からその腕を見込まれて融資を受け、当時としては大型漁船である六五馬力のマウイ丸を所有するようになった。こうして日本の海の民は、ハワイの海へ進出して二〇年ほどの間に、漁業の主人公へと躍り出たのである(写真7)。

このような日本人漁船船団の短期間での急速な拡大は、ハワイの人々の目にどのように映っていたのであろうか。さらに日本の海の民の存在をめ

写真7　ホノルル湾の和歌山漁船
和歌山県出身者のカツオ一本釣り漁船はホノルル湾第16番桟橋に係留されていた。日の丸を掲げていることから、正月など祝日の様子であることがうかがえる。ハワイ州立公文書館所蔵。

ぐって、ハワイ準州の政治家や行政側はどのように対応したのであろうか。Ⅱではこれらの点についてくわしく検証する。

コラム　元年者（Gannenmono）とそのレガシー
——元年者一五〇周年記念シンポジウム

二〇一八年六月六日（現地時間）、ホノルルのシェラトンワイキキホテルにて「第五九回海外日系人大会」（総合テーマ「世界の日系レガシーを未来の礎に！　ハワイ元年者一五〇周年を祝って」）、そして翌七日に「元年者一五〇周年記念シンポジウム」が開催された。一五カ国一八地域から約三〇〇人の参加者を集めて開催されたこれらの催しは、二〇一八年がハワイへの元年者の送り出し一五〇周年にあたるのみならず、グァムへの日本人集団移住も同じく一五〇周年、ブラジルが一一〇周年、同じくキューバも一二〇周年、ウルグアイ一一〇周年、そしてベネズエラが九〇周年にあたっていることを改めて思い起こさせるものであった。

これらのシンポジウムは、父方が沖縄県、母方が山口県周防大島町にルーツを持つデービッド・伊芸《いげ》ハワイ州知事をはじめ、日本から秋篠宮夫妻、佐藤正久外務副大臣、村岡嗣政山口県知事らが来席して祝辞を述べるなど、華やかな雰囲気のなかで開会した。専門家による海外日系移民の現状や課題に関する講演やディスカッション、そして当行事の「主役」である元年者の歴史や文化についての紹介がつづいた。

それによると、元年者の多くは京浜地区の職人で農作業に不慣れであったため、砂糖キビプランテーションでの就労は過酷であった。そこで元年者が明治新政府にハワイでの窮状《きゅうじょう》を訴える上申書を送ったところ、政府は一八六九（明治二）年の秋に上野《うえの》敬介《けいすけ》（のち景範《かげのり》）ら二名の役人をハワイに送り込んで現状を調査させた。そして上野らがハワイ王国と交渉し、三年間の契約終了を待たずして希望者の帰国を認めさせた結果、約一五〇人のうち五〇人ほどが帰国し、約五〇人が米本土へと移動した。ハワイに残ったおよそ五〇人の元年者の多くはハワイ人女性などと結婚して家庭を築いた。現在、その子孫は数百人に及び、最も若い者は八世を数えるまでになっている。

シンポジウムでは地元の人々によるフラ、和太鼓、歌といったパフォーマンスも披露《ひろう》された。なかでも印象的だったのは、元年者の子孫によるハワイの伝統的なオリ（神に語りかけるハワイ語の詩、大事な儀式の前に唱える）やフラである。これらは日本とハワイの文化の融合、そして現在のハワイの多民族性を象徴するものとして紹介された。また日系女性歌手がプランテーション労働者の服装をして「ホレホレ節」を歌うパフォーマンスも披露されたが（写真8）、これは元年者がプランテーションでの厳しい労働に耐えつつ、我慢や辛抱といった日本の価値観を大切にしながら、日系社会を築き上げてきたことへの敬意と感謝の気持ちを反映している。と同時に、ハワイの日系移民の歴史が、依然としてプランテーションでの体験と強く結びつけられていることを物語っている。

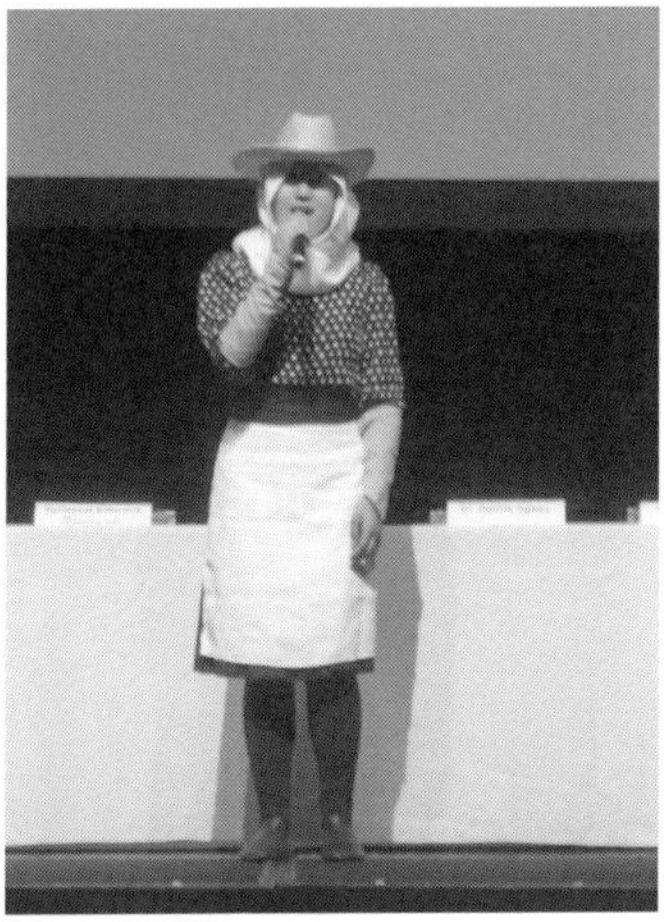

写真8　ホレホレ節
ハワイで開催されたGannenmonoシンポジウムでホレホレ節を歌うアオラニという女性歌手。筆者撮影。

今日のハワイでは、多くの場所で日本語が通じるし、ハンバーガーに飽《あ》きれば本格的な和食を食べることもできる。また地元の人々が屋内で靴を脱ぎ、お昼には米飯の入ったbentoを買って食べるといった生活を送っている様子に、日本からの訪問者は親近感を覚える。二〇一八年三月時点において、ハワイでは一万六〇〇〇人以上が日本語を学び、ホノルル美術館は一万点を超える浮世絵コレクションを所蔵し、ハワイと日本の自治体の間で二四の姉妹都市提携が結ばれている（二〇一八年三月時点、在ホノルル日本国総領事館調べ）。このようにハワイの日常のそこかしこに深く根づく「日系レガシー」の礎となったのが、まさに元年者であった。

Ⅱ　ハワイの日本人漁業をめぐる議論と漁労の様子

日本人排斥の波（カリフォルニアの場合）

Ⅰで述べたように、ハワイでは二〇世紀初頭には数えるほどしかいなかった日本人漁民の数が、短い間に急速に増加した。その様子に地元住民の誰もが歓迎のまなざしを向けたわけではなかった。なかには海における日本人の台頭を警戒し、その排斥《はいせき》を目指す勢力も現れた。ハワイ準州議会はその急先鋒《きゅうせんぽう》で、マウイ島選出の上院議員、ウィリアム・J・コエルホーが中心となって一九〇九年に議会に提出した法案は、非市民の漁業を禁止するというものであった。当時、日本人漁民のほとんどがアメリカ市民権を持っていなかったため、これは明らかに日本人の排斥を意図していた。

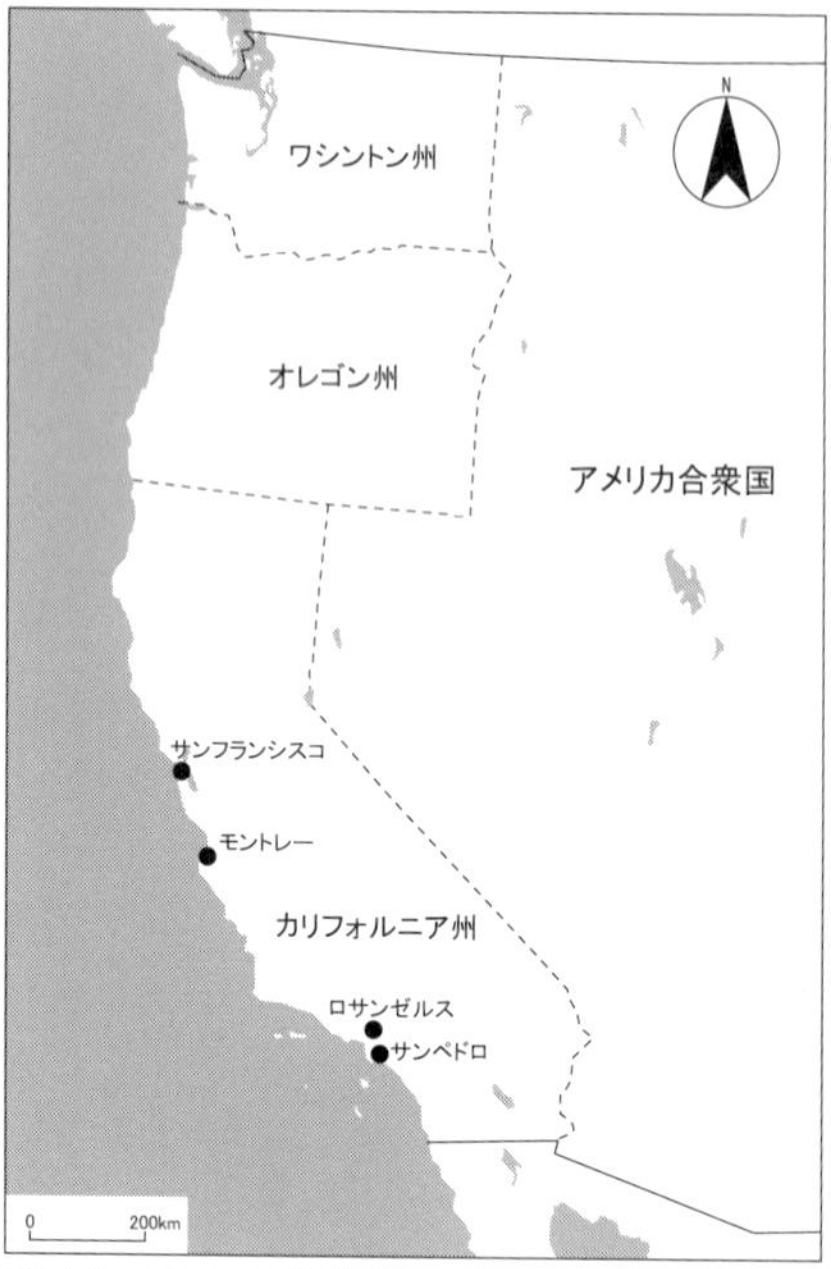

地図７　アメリカ西海岸

このようなハワイの動きは、カリフォルニア州など米本土西海岸における排日の動きと連動していた。一八九〇年以降、和歌山県や広島県、千葉県などからやってきた漁民が、カリフォルニアのモントレーをはじめとする西海岸の各地でサケ漁やアワビ潜水漁を行っていた。やがてツナ缶詰の開発によって、それまで魚を食べる習慣があまりなかった白人の間にもマグロの消費が拡大すると、ツナ缶詰の原料となるビンチョウ（ビンナガ）マグロを獲る日本人、とりわけ和歌山県出身の漁民の活躍が目立つようになった。かつて捕鯨の町として栄えた和歌山県東《ひがし》牟婁《むろ》郡太地《たいじ》町などからやってきた人々は、ツナ缶詰工場が建ち並ぶサンペドロという、ロサンゼルスの南にある街に集住して日本人漁村を形成した。こうして一九一〇年代には、サンペドロがカリフォルニアにおける日本人漁業の中心地となったのである（地図７）。

その一方で、二〇世紀に入ると、カリフォルニアを中心に、増加する日本人移住者を排斥する運動が台頭した。特に日露戦争（一九〇四―〇五年）で日本がロシアに勝利すると、サンフランシスコの英字新聞、サンフランシスコ・クロニクル紙が、日本人移民の増加を日本のアメリカ侵略と結びつける記事を掲載して市民を煽《あお》った。さらに一九〇六年に大地震がサンフランシスコの街を襲うと、サンフランシスコ市教育委員会が、日本人と韓国人学童を白人学童から隔離し、中国人学童が通う東洋人学校に通学させると発表した。この措置を国家に対する侮辱ととらえた日本政府側が強く反発したことで、学童問題は外交問題にまで発展した。

結局、セオドア・ルーズベルト大統領（在職一九〇一―〇九年）の仲介によって、サンフランシスコ市の命令は撤回された。しかしそれと引き替えに、一九〇八年に日米間でハワイやメキシコ、カナダを経由した日本人のアメリカ入国を禁止し、日本政府による新規労働者への旅券発行を自粛《じしゅく》する紳士協定（Gentlemen's Agreement）が締結された。もっとも、すでにアメリカ内に定住している日本人の家族には旅券の発行が認められたため、のちに詳述するように、「写真花嫁」のアメリカ流入はつづいた。

このような日米間の取り決めにもかかわらず、排日運動がやむことはなかった。漁業についても、カリフォルニア州議会は、高い課税や数々の規制を設けることによって、日本人漁民の排斥を図った。また同じく米本土西海岸に位置し、日本人漁民の数が増加していたオレゴン州やワシントン州も、カリフォルニアに倣《なら》って類似の法案を成立させた。もっともカリフォルニアでは、日本人漁民の南加《なんか》日本人漁業組合に加えて、腕の良い漁民を必要とするツナ缶詰工場の白人経営者が中心となって、排日法案の可決を阻止《そし》する運動を展開していた。工場側は漁民やその家族に住居を提供し、漁船を持つための費用を前貸ししたりして保護する一方で、漁民側は缶詰工場の労働者としての意識を強く持つなど、ツナ缶詰工場と日本人漁民の間では、互いに持ちつ持たれつの関係が成立していた。

日本人排斥の波（ハワイの場合）

こうして、カリフォルニアでは、ツナ缶詰工場の白人経営者が日本人漁民を排斥の波から守っていたが、ハワイでは、日本人漁民が自分たち自身で己の利益を守らなければならなかった。一九〇九年のコエルホー法案は、地元の英字紙、パシフィックコマーシャルアドバタイザー紙いわく、準州上院で「馬鹿げたカリフォルニア議会のやり方」（*Pacific Commercial Advertiser*, Feb. 20, 1909）であると批判され、否決された。しかしその後まもなく、準州議会がハワイ島のヒロ湾での網漁を二年間禁止する法案を可決した。これは漁業資源の保護をうたっているものの、日本人の目にはコエルホー法案の否決に対する報復として映った。ヒロのスイサン株式会社によると、この法律はヒロ湾で生き餌を獲るカツオ漁に大打撃を与える可能性があった。

そこでスイサン株式会社は、二名の弁護士を雇って準州政府に対して訴訟を起こした。会社の役員をはじめ、漁民たちも次々と証言台に立った結果、勝訴し、この法律は無効とされた。これはヒロの水産関係者にとって喜ばしいできごとであったが、同時に多額の訴訟費用を負担したスイサン株式会社の経営悪化をもたらした。そのため会社が、漁船の水揚げから徴収する手数料を従来の五分から一割に引き上げたところ、社内が賛成派、反対派に大きく別れて内紛が勃発し、やがて反対派が会社を離れて、新たにハワイ島漁業会社を設立するに至った。

ハワイの海における排日の波は、ハワイ最古の日本人漁業会社を分裂させただけにとどまらなかった。一九一三年には準州議会が、カツオ一本釣り漁の生き餌に使うネフ（ハワイアンイワシ）やイアオ（トウゴロイワシ）を、一二フィート（約三・七メートル）以上の長さの漁網で捕獲してはならないという法案を可決した。このような短い漁網で生き餌漁を行うことは極めて難しい。そこでホノルルの日本語新聞関係者や水産関係者が、弁護士をともなって漁船、春日丸に乗り込み、夜半にわざと禁止された網を使用してネフ漁を行い、春日丸船長の貴多鶴松が逮捕されるという事件を起こした。その後、この漁の参加者たちが地元の有力者へ働きかけて貴多を釈放させ、ネフ、イアオ漁に課された制限も解除させた。

その一方で、マウイ島に住む大八木平五郎《おおやぎへいごろう》という漁民が準州政府を訴えて敗訴した。大八木のこの行動は、春日丸のネフ漁に参加した布哇報知社社長、牧野金三郎《まきのきんざぶろう》から「自分勝手」であり「愚昧《ぐまい》代表者」であると批判された（『布哇報知』一九一三年九月八日）。しかしこれはまた、一般の漁民が日系社会の指導者の指示を待たずに自分自身、そして仲間の権利を守るために立ち上がったことを示している。

大谷松治郎の挑戦

ハワイにやってきた日本の海の民の「闘い」は陸の上でも行われていた。鮮魚行商人など、水産物流通に従事する者もまた、さまざまな壁に直面していたのである。ホノルルで鮮魚の行商に従事していた大谷松治郎《おおたにまつじろう》は、警察官にしばしば衛生法違反であると摘発され、その都《つ》度《ど》、罰金を払わされていた。そこで大谷は、わざと荷馬車を衛生局の前にとめて逮捕され、初審で敗訴したものの上告審で勝訴した。それ以降、鮮魚の行商に罰金が科せられることはなくなった。

裁判のために三七五ドルという「頗《すこぶ》る大金」（『日布時事』一九五〇年一〇月一八日）をはたいて弁護士を雇った大谷松治郎は、沖家室島の出身である。ヒロのスイサン株式会社を設立した同郷の北川磯次郎の勧めで、一九〇八年にわずかな所持金を懐《ふところ》に一八歳でハワイへやってきた大谷は、懸命に働いて貯めた金と、同郷者が資金を出し合って互いに融通し合う頼母子講《たのもしこう》から工面した費用を使って裁判を闘ったのであった。

その後、大谷は一九二〇年に大谷商会を設立すると、同年、ハワイの五大財閥であるテオ・H・デービス社やアメリカンファクターズ社を押さえて、アームストロング陸軍兵営に納めるカニ缶詰の入札を勝ち取った。入札で日本人に負けたこれらの財閥企業は、大谷に対して「不可解な、不愉快極まる行為」（大谷、三七—三八頁）をとったが、大谷はこのような差別的な扱いに屈することなく、両社に抗議したうえで一切の取引を停止した。これ以降、新たに米海軍を顧客リストに加えることにも成功した大谷は、一九二二年に山口県出身者が中心となって布哇漁業会社を買収し、布哇水産会社として再出発すると、その経営にも参加するなど、水産業界の中枢で活躍した（写真9）。

写真9　大谷松治郎
写真の裏面には周防大島外入《とのにゅう》の写真館にて明治38（1905）年に撮影とある。大谷松治郎はこの写真を沖家室島の家族のもとに残してハワイへと旅立った。大谷亮子所蔵。

ハワイ準州水産行政側の反応

一九二〇年代になると、「布哇《はわい》に於《お》ける漁業は全部日本人により従事され居る」（小野寺、一四九頁）とホノルル日本人商業会議所が宣言したように、ハワイの漁業は日本人の独占状態となった。準州の統計によると、一九二七年度にハワイ全体で売買された鮮魚の約九割が外国人による漁獲であり、この外国人とは、ほぼ全員日本人を指していた（"Annual Report for Year Ending June 30, 1927," ハワイ州立公文書館）。そのため、このような日本人による漁業の独占状態を快《こころよ》く思わない勢力によって、外国人による漁労を制限するための法案が、毎年のように準州議会に提出された。

しかしその一方で、ハワイ準州政府側、とりわけ水産行政を担当する魚類鳥獣部（一九二七年以降、準州農林行政委員会に合流）は、議会における排日の動きを批判し、日本人漁業を保護する立場を取った。そのおもな理由の一つは、日本人漁民に代わる者がいない以上、もしその漁労を禁止してしまえば市場に十分な鮮魚を供給することができなくなるという、極めて現実的な懸念のためであった。そのため魚類鳥獣部は外国人の排斥ではなく、むしろ市民に漁労を教えるための水産学校を設立して、人材を育成すべきであると主張していた。

さらに魚類鳥獣部は、特にマグロやカツオなどの回遊魚の生態に関する科学的な調査の必要性も訴えた。そのころ、アラスカなどでは連邦政府商務省漁業局の支援のもとで、水産業振興のための研究が重ねられていた。ハワイでも、連邦政府の支援を受けた大がかりな水産調査や研究を行うべきであると、魚類鳥獣部は主張していたのである。

ハワイの国際的協調運動と水産業をめぐる日本との協力（放流事業）

このようにハワイ準州魚類鳥獣部は、高まる地元の鮮魚需要に応えるため、日本人による漁労を認め、市民のための水産学校の設立や、水産業振興のための調査の実施を求めていたが、一九二〇年代に入るとさらに一歩踏み込んで、積極的に日本への協力を要請しはじめた。そのきっかけとなったのが、一九二一年一一月に魚類鳥獣部のA・L・ディーン博士が訪日したことである。ディーン博士は日本のマスの卵をハワイの河川に放流して新たな産業を興す可能性を感じ取ると、その後まもなく、日本から鮎やマスの卵、カキ、アサリなどを取り寄せて、ハワイ諸島各地の河川や海岸に放流する事業がはじまった。

日本に協力を仰《あお》ぐこれら一連の事業は、一九一〇年代後半から二〇年代にかけて、ハワイでさかんになった国際的協調運動の賜物《たまもの》でもある。欧州をはじめ世界各地に悲惨な戦禍《せんか》をもたらした第一次世界大戦を目の当たりにすると、欧米を中心として、国家間の利害の対立を戦争ではなく話し合いで解決する気運が高まった。その結果、国際連盟をはじめ、国境を越えて人々の相互理解を深めるための、さまざまな国際的組織が誕生した。

そのような国際的な協調を重んじる流れは、ハワイにも届いていた。もっともハワイには大西洋世界の一部である欧米と異なる地理的背景がある。太平洋を行き交う船舶の多くがハワイに立ち寄って燃料や食糧を補給したため、いつしかハワイは「太平洋の十字路」と呼ばれるようになっていた。そこでハワイに居住する白人エリート層の間で、欧米ではなく、あくまでもハワイを中心として、おもにアジア太平洋地域の国や地域の人々の相互理解を深めるための運動が活発化したのである。その運動の推進者の一人であるアレクサンダー・ヒューム・フォードらが中心となって、一九一七年にホノルルで誕生したのが汎太平洋協会《はんたいへいようきょうかい》(Pan Pacific Union)であった。

汎太平洋協会は、フォードがホノルルで発行する月刊誌、ミッドパシフィックマガジンを機関誌として、毎年のように自然科学や教育、報道、食糧問題などについて話し合う国際会議を主催した。さらにフォードらが一九二五年に発足させた国際的な調査・研究組織である太平洋問題調査会(Institute of Pacific Relations)は、アジア太平洋地域を中心とする国々の有識者を招いて、数年おきに国際会議を開催するなど、民間レベルにおける国際的な文化交流を推し進めていた。これらの国際会議には、地元ハワイやアメリカ本土、カナダ、オーストラリア、ニュージーランドのみならず、日本や中国、フィリピンなどから、多くの参加者が集まった。なお、汎太平洋協会が一九二八年にアジア太平洋地域で初めてとなる汎太平洋女性会議を主催した際には、日本から女性参政権運動や廃娼《はいしょう》運動（売買春を公的に保護する公娼制度の廃止を求める運動）の指導者であったガントレット常子《つねこ》や市川房枝《いちかわふさえ》、東京女子医学専門学校（のちの東京女子医大）創設者の吉岡弥生《よしおかやよい》など、各界を代表する女性一八名が参加して、地元ハワイや欧米、アジア諸地域の女性リーダーたちはもとより、ハワイ在住日本人との交流を深めている。

このように、数々の国際会議を主催することによって、日本にも幅広い人脈を持つフォードが間に立って実現したのが、石川千代松《いしかわちよまつ》東京帝国大学名誉教授による鮎の卵の放流事業であった。石川は一九二五年に約二五万個の鮎の卵を日本から持参すると、それらをオアフ島やカウアイ島各地の河川に放流した。そのほかにも、ハワイでは日本から取り寄せたマスの卵や稚魚、ハマグリ、アサリなどを各地の河川や海岸に放流して繁殖させる実験を繰り返し行った。

これらの生物の多くは繁殖に結びつかず、新たな産業を創出するまでに至らなかった。もっとも日本から持ち込んだアサリは各地の海岸で繁殖し、現在もオアフ島湾口部などで生息している。このような外来生物の放流は、ハワイの繊細な環境の破壊につながるおそれがあるため、今日では批判されるであろう。しかしこれらの大がかりな事業は、ハワイ準州側が日本人漁業を排斥するのではなく保護し、さらに日本との協力のもとで新たな水産資源の開発に乗り出したことを示している点で重要である。

ハワイの真珠貝発見と御木本真珠

一九二〇年代後半に、オアフ島沖のサンゴ礁で、真珠貝の一種であるハワイ黒蝶貝《くろちょうがい》（中型の真珠貝で成長すると烏帽子《えぼし》型に曲がる）の群生が発見された。真珠貝養殖産業の可能性を確信した準州側に、日本の「真珠王」として知られる御木本幸吉《みきもとこうきち》を紹介したのもまた、汎太平洋協会のフォードであった。

御木本は志摩《しま》国鳥羽大里町《おおさと》（現三重県鳥羽市）のうどん屋の長男として生まれたが、伊勢志摩の海で天然真珠を採るために乱獲されていたアコヤ貝（別名真珠貝、日本では房総半島、男鹿《おが》半島以南に生息し、貝柱は食用とされる）の保護と増殖、さらに人為的に真珠を作り出す事業に没頭した。試行錯誤を繰り返しながら、一八九三年に半円真珠（母貝に貼りつけた半球形の核を真珠層が覆ったあと、貝殻から切り離して加工した半球の真珠）の養殖に成功し、一九一六年には真円真珠（母貝に球形の核を挿入して作った丸い真珠）形成の特許を取った御木本は、つづいて黒蝶貝（赤道を中心に熱帯、亜熱帯海域に生息し、日本では沖縄県八重山、宮古周辺にとりわけ多く生息）や白蝶貝（別名南洋《なんよう》真珠、大型で日本にはもともと生息していない）を使った真珠の養殖にも取り組んでいた。そのかたわら、東京の銀座に御木本真珠店を開くと、ロンドンやパリ、ニューヨークにも支店を出すなど、積極的に海外へ打って出ていた。

このような御木本のもとを一九三一年三月に訪れたフォードは、その一連の事業に強い関心を持った（写真10）。ハワイで真珠養殖産業を確立するためには、彼の協力が必要であると考えたフォードと準州の水産業担当者がローレンス・ジャッド準州知事（在職一九二九―三四年）に働きかけた結果、知事みずから御木本に手紙を書いた。その手紙は、ハワイの真珠貝養殖の可能性について触れたうえで、御木本がハワイで養殖事業をはじめるのであれば準州政府が協力すると明記していた（Letter from Governer of Hawaii to Mr. K. Mikimoto, April 18 1931, ハワイ州立公文書館）。

写真10　フォード
フォード（左）と握手を交わす御木本幸吉（右）。フォードが1931年に三重県の御木本の自宅を訪問したときの写真。御木本真珠島真珠博物館所蔵。

このころ、すでに準州側もカネオヘ湾で真珠貝養殖の実験を開始していた。一九三二年に再来日したフォードは、前述の石川千代松博士の協力のもとで、日本の真珠貝をハワイへ持ち帰ろうとしている。このような準州側の動きに対して御木本側は、採算性や特許などの問題を考慮し、ハワイの真珠養殖事業への参入を断った。さらにハワイの真珠貝漁場が密漁や乱獲によって荒らされたため、その後は養殖事業の大きな進展もみられなかった。しかし少なくとも一九二〇年代から三〇年代にかけて、フォードらによるハワイの国際的協調運動と結びついた水産業の振興策が、日本と深い関わりを持ちながら展開していたことは明らかである。そのため海からの排日の声など、ハワイではもはや、出る幕がなかった。

水産関連事業の拡大とハワイアンツナパッカーズ社の誕生

ハワイで興隆した国際的協調の潮流のなかで、やがてハワイにおける日本人漁業は最盛期を迎えた。また日本人漁船船団の拡大は漁具、餌、燃料の販売や製氷業などの関連事業の興隆ももともなった。

なかでもさかんになったのは造船業である。Iで触れた中筋五郎吉のように、日本から漁船を持参した例は稀で、通常はハワイで造られた漁船が使用された。船大工の多くは紀南の出身者で、ヒロやホノルルのカカアコに造船所を構え、日本の和船をハワイの荒い波に耐えられるよう、船首をより高くするなどの工夫を重ねて、現地でサンパンと呼ばれる漁船を造り出した。一九一〇年代になると、サンパンへのガソリンエンジンの搭載が急速に進み、珊珊礁の外にはめったに出ることがなかったハワイ人よりも、はるか遠くに出漁するようになった。

さらに一九二〇年代になると、より燃費が良いとされるディーゼルエンジンの導入が進んだ。こうして一九二四年から一九三一年にかけての七年間に、ハワイ諸島のサンパン漁船の数は二七二隻から三五五隻へと増加した。その大きさは一人から四人乗りの小型のものから二〇〇馬力のエンジンを備えた大型のものもあり、それらの船主は、ほぼすべて日本人であった（布哇新報社、一三二─三八頁、『日布時事布哇年鑑』一九三一─三二年、九八─一〇〇頁）。

海における漁船の大型化や改良が進む一方、陸においても水産加工業が活性化した。大谷松治郎が広島県から技術者を招いて蒲鉾《かまぼこ》製造を開始したところ、評判を呼び、ハワイ各地から注文が殺到した。また和歌山県田並生まれの山本荒太郎《やまもとあらたろう》によって、カツオ節の製造もはじまった。これは手ごろなハワイ土産として、日本に帰省する人々の間で人気商品となった。

さらにツナ缶詰工場の設立はハワイの水産業に飛躍をもたらした。もともと若いパイナップル農園の白人プランターが、カカアコにツナ缶詰工場や造船所を設立したのが、ハワイにおけるツナ缶詰製造のはじまりである。しかし水産関連事業の経験がなかったため、まもなく経営が悪化すると、工場を財閥系企業であるアメリカンファクターズ社に売却したものの、その後の経営も思わしくなかった。

そこで一九二二年に日米の起業家や日本人漁民が共同でこの工場を安く買い取り、ハワイアンツナパッカーズ社として再出発させた。Ｅ・Ｃ・ウィンストンが初代社長、太平洋漁業会社の山城松太郎が副社長、そしてその長男の松一が書記、さらに貴多鶴松を支配人とするなど、経営のみならず水産関連事業にくわしい日本人を中枢に据えたこの会社は、日本人漁業会社のシステムを導入した。腕の立つ漁民には自分の漁船を持つための費用を工面《くめん》する一方で、その漁獲を独占した。また漁業会社との協力関係を深めて、ハワイアンツナパッカーズ社所属の漁船がツナ缶詰の材料となるカツオ以外の魚を獲った場合は、それらを漁業会社に引き取ってもらい、逆にカツオの漁獲が足りない場合は、漁業会社から融通してもらったりした。

こうして日本人漁業会社と共存関係を築くことで、ハワイアンツナパッカーズ社は、年々生産と販売を拡大させた。そして、より多くの熟練した漁民が必要になったため、貴多鶴松をはじめ、ハワイで操業する和歌山県出身者が郷里から次々に知人を招いた結果、ハワイのカツオ漁船船団が急速に拡大した。

漁民、漁船、修行

一九二〇年代後半になると、日本人漁民の数は約一一〇〇人にまで増加した。その収入は砂糖キビプランテーション労働者の三倍から四倍にもなった。もっとも漁民の年収は個々の経験や技術の高さ、乗り込む漁船の船長の技量などによって大きく変化する。また賃金は通常、出来高払いで支払われた。たとえばその日の漁獲の売り上げが一〇〇〇ドルであった場合、そのなかから漁業会社が一割を手数料として徴収し（一〇〇ドル）、さらに水や食糧、燃料代などの実費を差し引く（三〇〇ドル）。残った六〇〇ドルから漁船所有者が半分の三〇〇ドルを取り、残りの三〇〇ドルを乗組員で平等に分配する、といった具合である。

日本人漁民は、初心者に対して、ハワイでも日本式の厳しい修行を課した。高校生になるころ、和歌山県出身の漁民である父親のカツオ漁船に乗りはじめたウォルター・アサリは、見習い身分の間、火鉢で食事を作ったり衣服を洗濯したりしただけでなく、船倉《せんそう》（貨物を積み込む区画）からデッキに魚を上げるなどのきつい仕事をこなした。作業中、誰も助けてくれず、デッキから早くしろと言われるだけであった。

また和歌山県出身漁民の重鎮である貴多鶴松も、息子の勝吉《かつきち》に厳しい修行を課した。学齢期に達すると同時に漁船に乗りはじめた勝吉は、多くの「汚《よご》れ仕事」を割り当てられ、体罰を受けることも稀ではなかった。とにかく「年を取った漁師は何も言わず、ただ間違いを犯したときだけ竹竿が飛んできたものだった」（Markrich, 142）という。こうして若い見習いは体罰に耐え、きつい仕事をこなしながら、熟練者の漁業技術を「目で見て」体得していかな

写真11　船井清一
1917年に周参見村（現すさみ町）からやってきてホノルル市内に造船所を構えた船井は、生涯で約150隻ものサンパン漁船を造った。船井テルオ所蔵。

ければならなかった。
やがて見習いが一人前になると、今度は自分の漁船を所有し、その船長になることを目指した。小さな漁船を繰《く》っていた時代と異なり、動力エンジンを備えた大型漁船が導入されるにつれ、漁船の建造には多額の資金が必要となった。そのため漁民の多くは漁業会社に経済的支援を求めたが、時には船大工が費用を立て替えることもあった。ホノルルで船井造船所を経営する船井清一は、漁獲の売り上げから造船の費用を受け取るために毎日魚市場へ通った。

船井清一は和歌山県南紀の周参見村（現すさみ町）出身である。『すさみ町誌』によると、船井は一九一七年に醬油《しょうゆ》運搬船《うんぱんせん》の船大工としてホノルルにやってきたが、その運搬船の船長が船井とほかの二名の乗組員を残したまま帰国してしまったため、日本国総領事のはからいでハワイに滞在する許可を得たとある。しかし船井は長男のテルオに、船が難破したため仕方なくハワイに残ったのだと語っていた。もっともテルオは、のちに妻となってテルオを産む、キミというマウイ島生まれの二世に出会ったためだと信じている。なにはともあれ、ハワイ在住の同郷者に経済的に支援されてカカアコに造船所を構えた船井清一は、一九五〇年代なかばに引退するまでに一五〇隻以上のサンパン漁船を造った（写真11）。

ハワイの漁法

戦前の日本人漁業は、大きくカツオ一本釣りとマグロ延縄漁《はえなわりょう》、網漁《あみりょう》に分けられる。カツオ漁船とマグロ漁船の形は似ているが、カツオ一本釣り漁船には生き餌を収容するための船倉が備えられており、そこに海水が流れ込むようになっていた。一〇人前後の乗組員を乗せたカツオ漁船は、出漁すると湾口内などの浅瀬に向かい、そこで生き餌にする小魚を網で獲った。この作業は夜間に行うことが多く、魚をおびき寄せるために使用する灯りに蚊が群《むら》がったが、その猛烈な蚊の襲撃に耐えきれなくなって米本土に移動する漁民も出るほどであったという。

生き餌漁が終わって夜が明けると、漁船はカツオの群れを探しながら沖に出た。乗組員は通常、水平線上に現れる鳥の群れを探した。鳥の群れはカツオに追われて水面近くに浮上してくる小魚を狙う。強い直射日光と飛び交う釣り針から身を守るために、デニムの着物と麦わら帽子を被った乗組員たちは、カツオの群れを見つけると生き餌を撒《ま》いてカツオを海面近

写真12　カツオ一本釣り①
漁民はデニムの着物に麦わら帽子という姿で、日本から取り寄せた釣り竿を使用して魚を釣り上げた。ハワイ州立公文書館所蔵。

くにおびき寄せ、人影を隠すために杓子《しゃくし》で海水を撒きながら、先端に三メートルほどの丈夫な釣り糸がついた長さ四メートル弱、直径約五センチの竹竿を使ってカツオを釣り上げた（写真12）。釣り針には魚が食いついたあと外れにくくするための返《かえ》しがついておらず、釣り上げたカツオは脇の下ではさんで、針を外してはまた釣り上げるという動作を繰り返した。

日本のカツオ一本釣りでは通常、漁船の左《さ》舷《げん》、もしくは両舷《りょうげん》に並んで魚を釣り上げる。しかしハワイの波は日本よりも大きくうねるため、ハワイの漁民や船大工は船尾《せんび》から釣り上げるように船の形状に改良を加えた（写真13）。また漁船の色も日本でよく目にする白っぽい色ではなく、ハワイの海の色にあわせて濃紺に塗られていた。そして釣り上げたカツオで船倉がいっぱいになると、すぐ漁港に戻った。カツオ漁は通年で行われたが、夏が最盛期であった。長い間、和歌山県から取り寄せた孟宗竹《もうそうちく》の竹竿が使用されていたが、一九七〇年代になるとグラスファイバー（ガラス繊維強化プラスチック）製に代わった。

カツオ一本釣り漁業に従事する漁民のほとんどが和歌山県の出身であった。その一方、山口県や広島県など瀬戸内海沿岸部の出身者は、おもに網漁や延縄漁に従事した。またハワイでシビ縄漁と呼ばれたマグロ延縄漁は、中筋五郎吉がハワイに導入して以降、和歌山、山口、広島県などの出身者の間で広まり、カツオ一本釣り漁に次ぐ規模を誇《ほこ》るまでになった。通常、マグロの漁獲量はカツオのそれよりも少ないため、マグロ延縄漁船はカツオ一本釣り漁船とくらべてやや小さかったが、氷室《ひむろ》が備えられており、一九二〇年以降になると二週間、あるいはそれ以上の時間をかけて何百キロも沖に出漁するようになった。

写真13　カツオ一本釣り②
通常、漁船の左舷から釣り上げる日本のカツオ一本釣りと異なり、波が大きくうねるハワイの海では、船尾から釣り上げた。足場が格子状になっているのは滑りどめである。ハワイ州立公文書館所蔵。

網漁は小型漁船を使って浅瀬で行われた。珊瑚礁があるため、投げ入れるタイプの投《と》網《あみ》がおもに使用された。また網を沈め、つづいてそこに潰《つぶ》したカボチャを布に包んだものを入れ、それをはげしく引っ張り上げげたり沈めたりして餌を海中に拡散させ、魚が餌を食べはじめると網を引き上げて獲る方法も取られた。カボチャを餌として使用する漁法は、ハワイ人から日本人が習い、取り入れたと考えられる。

漁業調査の実現へ向けた取り組み

一九二〇年代から三〇年代にかけて、漁船の動力化、大型化と冷蔵設備の設置、さらに漁法の改良が進んだ。しかしハワイ諸島周辺の広大な太平洋を縦横無尽に泳ぎ回るカツオやマグロなど、魚の生態に関する調査はほとんどなされていなかった。また、水産資源の枯渇に対する懸念も強まった。ヒロのスイサン株式会社の設立メンバーの一人である林虎鎚《とらづち》は、二〇世紀最初の一〇年間に、乱獲によってホノルル湾周辺のみならずオアフ島沿岸から、まるで「ホウキで掃《は》いた」ように魚がいなくなったことで、そのうちハワイから沖ノ鳥島まで出漁しなければならなくなるかもしれないと嘆いた（『布哇植民新聞』一九一〇年一〇月五日）。その後、林が予言したように、近海の魚を獲り尽くすとミッドウェーを目指す漁船が現れ、やがて沖ノ鳥島近海も新たな漁場として視野に入っていくのである。

一九二〇年代後半以降になると、準州政府は、農林行政委員会と魚類鳥獣部が中心となって、連邦政府の商務省漁業局に対し、ハワイ周辺海域の漁業資源調査を実施するよう、以前にも増して強く要請しはじめた。とりわけウォーレス・ファーリントン知事（在職一九二一―二九年）は、ワシントンにいる連邦議会ヴィクター・ヒューストン代議士（在職一九二七―三三年、準州は連邦下院議会に、現地の日本語新聞が代議士と呼ぶ本議会投票権のないオブザーバー一名を送っており、本書ではこれにならって代議士という呼称を用いる）と頻繁《ひんぱん》に連絡を取り合いながら、商務長官や漁業局長ら関係者との折衝《せっしょう》を重ねた。

ファーリントン知事らの動きは、一九二九年に起きた大恐慌によって一時的に中断されたが、一九三五年になると準州農林行政委員会のゲオ・ブラウン委員長が、ジョゼフ・ポインデクスター知事（在職一九三四―四二年）に宛てて書簡を送り、国家予算による大規模な漁業調査の必要性を説いた。ブラウンは、ハワイにおけるカツオやマグロなどの生態が不明であるにもかかわらず、それらの需要が伸びていること、有事の際には地元産の食糧確保が必要となること、さらにハワイの水産業の約九割が外国人の手中にあるのは滑稽《こっけい》であり、市民のための水産学校の設立が必要であると訴えた（アメリカ国立公文書館 RG126）。

水産学校設立を求める声

そのころ、科学的な漁業調査の実施や、後継者を育てるための水産学校の設立を求める声は、日本人側からもあがっていた。

漁師ほど危険の多い苦労の多い仕事はない。又《また》漁師の生活ほど割りの悪い、惨《みじ》めなものはない。だから自分達は、今さら仕事を変える事は出来ないが、自分達の子供は子孫は絶対に漁師にしたくない（『日布時事』一九四一年八月一五日）。

こう綴《つづ》ったのは、モロカイ島で漁業を営《いとな》む揚野貫三郎《あげのかんざぶろう》である。苦労を重ねながらマウイ島カフルイで漁業を行う父の姿を見て成長し、やがてみずからも漁業で生計を立てはじめた揚野は、漁業に関するアイデアや提言を次々と地元の日本語新聞に発表した。

その揚野が発したこの言葉は、漁業にまつわる苦労のみならず、漁民の後継者不足の問題をも反映していた。一九三〇年代以降になると、ハワイ生まれの二世たちが父親のあとをなかなか継ごうとせず、漁民の平均年齢は上がる一方であった。そのころのハワイでは、二世の多くが教育や、医療、ビジネス、法律関係や公務といったホワイトカラーの職を求めたため、人種差別によって、ただでさえ狭い門がより一層狭くなっていたのである。

若い世代はまた、漁業に対して、体力的にきつくて危険な仕事と否定的な印象を持っていた。実際に一八九七年から一九三一年にかけて、三二人の漁民が操業中に命を落としたり行方不明になったりしており、一年間に一人が海で命を落とした計算になる。これは陸上の交通事故と比較して特に多いわけではない（『日布時事布哇年鑑』一九三一―三二年、一二五頁）。

しかし「板子《いたご》一枚下は地獄」ということわざ通り、漁業がつねに危険と隣り合わせであることに変わりはなかった。

そこで揚野は、漁業の後継者を確保するため、航海学や気象学、漁法学や海洋生物学など、水産関連の学問を教授する水産学校をハワイに設立する必要性を力説した。またハワイアンツナパッカーズ社マネージャーのアレックス・コロールは、若者が船上での厳しい修行に耐えられず、給料が低くても陸上の仕事に逃げてしまうと、従来のサンパン漁船における見習い制度の問題点を指摘した。

このような声に代表されるように、一九三〇年代初頭になるとマッキンリー高校に漁業訓練コースを設置する運動が起きた。マッキンリー高校は多くの日本人漁民とその家族が居住するカカアコの近くにあり、日系二世の生徒が多かったことから、東京ハイスクールとも呼ばれていた。その高校のマイルス・ケアリー校長が、準州政府関係者とともに、このコース設置に向けて動いた。またハワイの日本語新聞、日布時事の英語版は、十分な漁業調査と漁労の効率向上が実現すれば、ハワイの海は世界中で最も豊かな漁場の一つになると説いて、若者の漁業への進出を促した。このような声に呼応するかのように、ポインデクスター準州知事は、ワシントンのハロルド・イッキーズ内務長官（在職一九三三―四六年）やダニエル・C・ローパー商務長官（在職一九三三―三八年）に働きかけて、ハワイ海域の漁業調査の実現へ向けた予備調査の実行を約束させた。

　こうして、官民一体となって、それまで漁民の「勘と経験」のみに頼っていたハワイの漁業を科学的な観点から改良し、政治がそれを後押しする動きが活発化した。しかしこのような議論が準州やワシントンで繰り広げられる一方で、そもそもハワイの漁民はどのような生活を送っていたのであろうか。またハワイでは漁労の多くは男性によって行われていたが、漁村の女性は一体何をしていたのであろうか。Ⅲでは、生活者としての漁民やその家族に焦点を当てて、漁村の生活ぶりをみてみることとする。

Ⅲ　ハワイにおける日本人漁村の生活

独身漁民と飲酒の問題

　漁に出る前に前祝いというて飲む、漁が思わしくないとクチ直しに飲む、漁がうまくいくと祝いに飲む、芸者を呼んで大騒ぎに騒ぐので金が残らない（『日布時事』一九〇八年一一月二三日）。

これは、ある沖家室島出身の漁民が、仲間の生活ぶりについて日布時事の記者に語った言葉である。頻繁に酒を飲んで騒ぐことが多かった様子が伝わってくるが、とりわけ「一風変わって」いたと評されるのが、「紀州組」とも呼ばれた和歌山県出身の漁民であった。紀州組は、日本人漁民の多くが住んでいたホノルルのカカアコから離れたケカウリケ通りや、そ

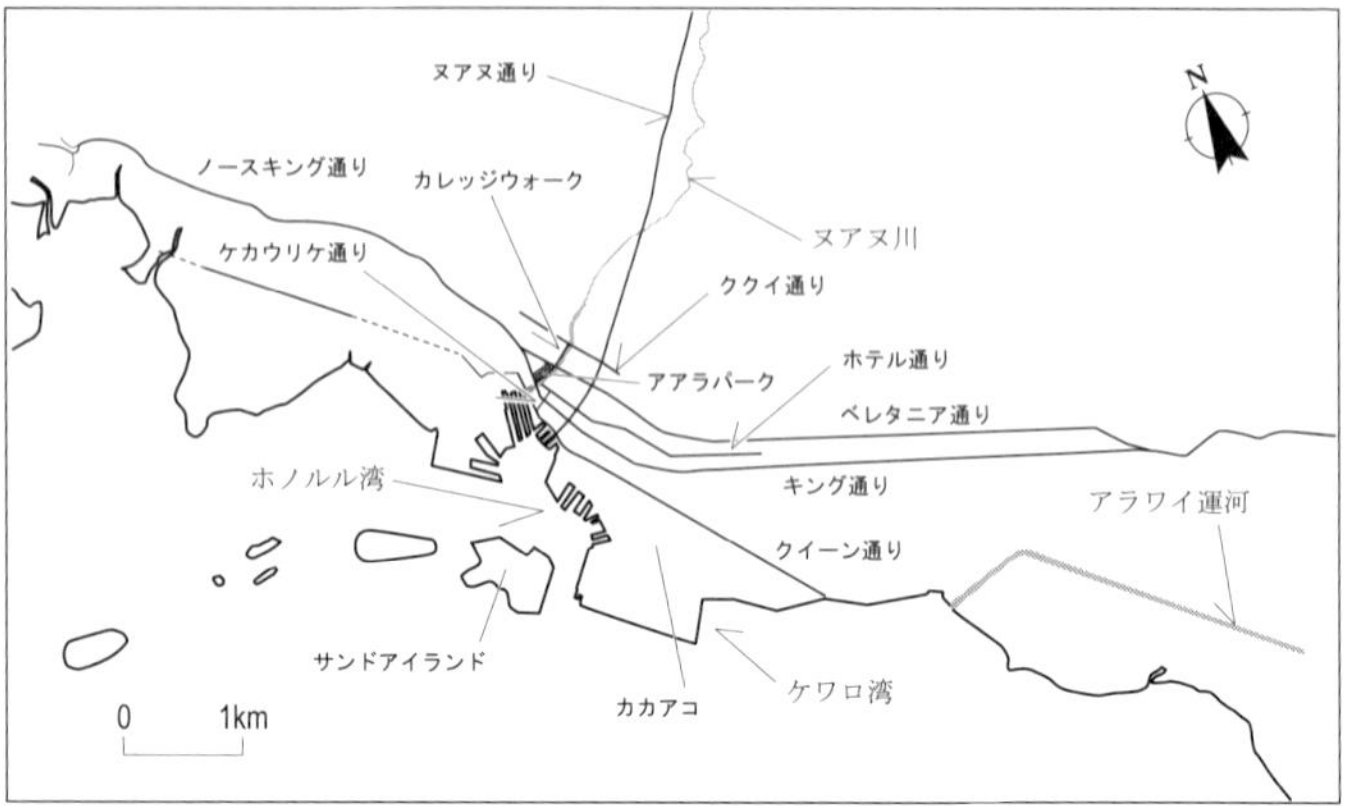

地図8　ホノルル

の近辺のキング通り、そしてホテル通りの貸し長屋に住んでいて（地図8）、フンドシ姿のまま二階の窓にもたれかかって通りを見下ろしている姿は「余《あま》り褒《ほ》められた体裁でも」なかった（『日布時事』一九〇八年一一月二四日）。そもそも漁民は粗暴な者が多いが、とりわけ紀州組はひどく、よくケンカをした。しかしこれが「海の上では素晴《すば》らしい活動」となり、「喧嘩《けんか》で慎むべき蛮勇《ばんゆう》は頼もしい勇気になった」という（前掲）。

漁民の過度の飲酒による散財やケンカ、そして粗暴な言動が目立つのは、そもそも独身だからであって、女房や子供でもいれば違います、と、冒頭の漁民は言葉をつなぐ。たしかに飲酒をともなう頻繁な会合は不経済であり、また不健康でもあった。しかしそのような場が船団の結束を固め、「雲が北に走れば何風、空が高く晴れて居れば何風、どんな方角から吹く風が恐ろしいとか、この方角よりの風は都合がよいとか漁夫仲間で風模様を予知する方法」（『日布時事』一九〇八年一一月二三日）など、新たな漁場の開拓に欠かせない情報交換をする機会となっていたこともまた事実であった。

進出したばかりの海にまつわる情報を仲間で分かち合い、互いに助け合うことによって、日本人船団はハワイで急速に拡大した。またハワイへ渡った当初、漁民の多くは独身者、もしくは郷里に妻子を残した単身者であったが、妻子や親きょうだいを次々と郷里から呼び寄せたため、次第に漁村が形成されていった。そして独身社会が抱えていたとされる問題も減少していった。

漁村の拡大

漁業をはじめ水産業に従事する人々やその家族の多くは、漁港の近くに集まって住んでいた。オアフ島で最も大きかった日本人漁村はカカアコで、おもに山口県や広島県出身などの漁民やその家族が住んでいた。一方、紀州船団はホノルル湾一六番桟橋《さんばし》に漁船を係留し、乗組員の多くはホノルル湾や市場の近くに居住していた。しかし一九三三年に桟橋を貨物船に明け渡すことになったため、紀州漁民もカカアコに移動してきた。ホノルルのほかでは、ワイアナエに広島県出身の漁民が何十人も住んでいた（地図9）。

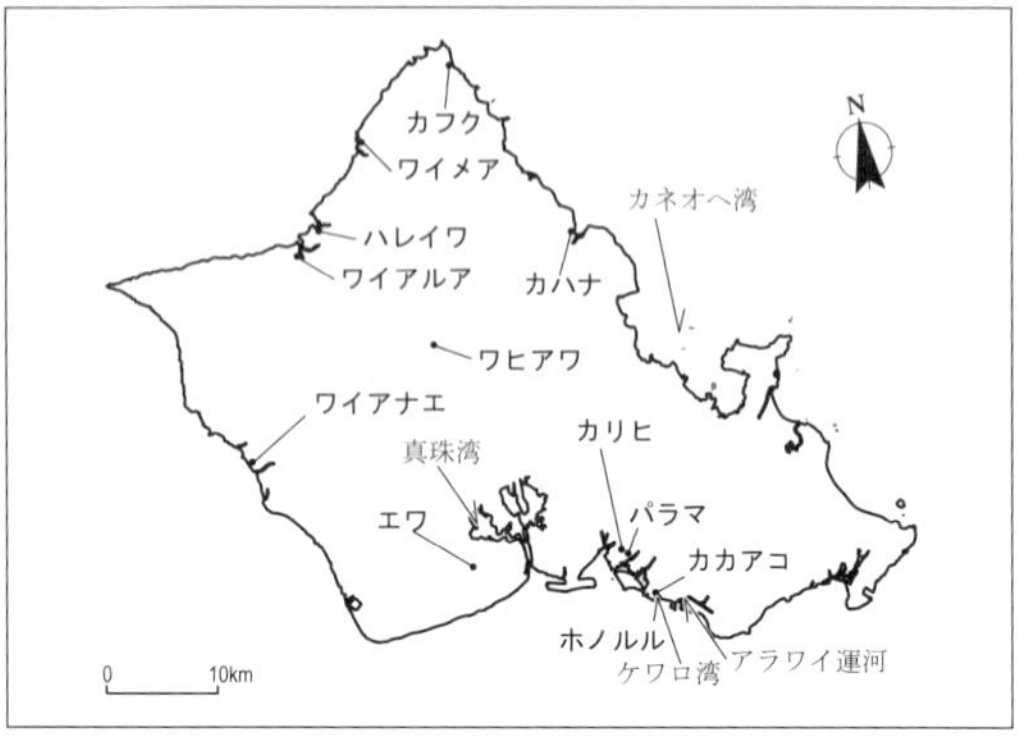

地図９　オアフ島

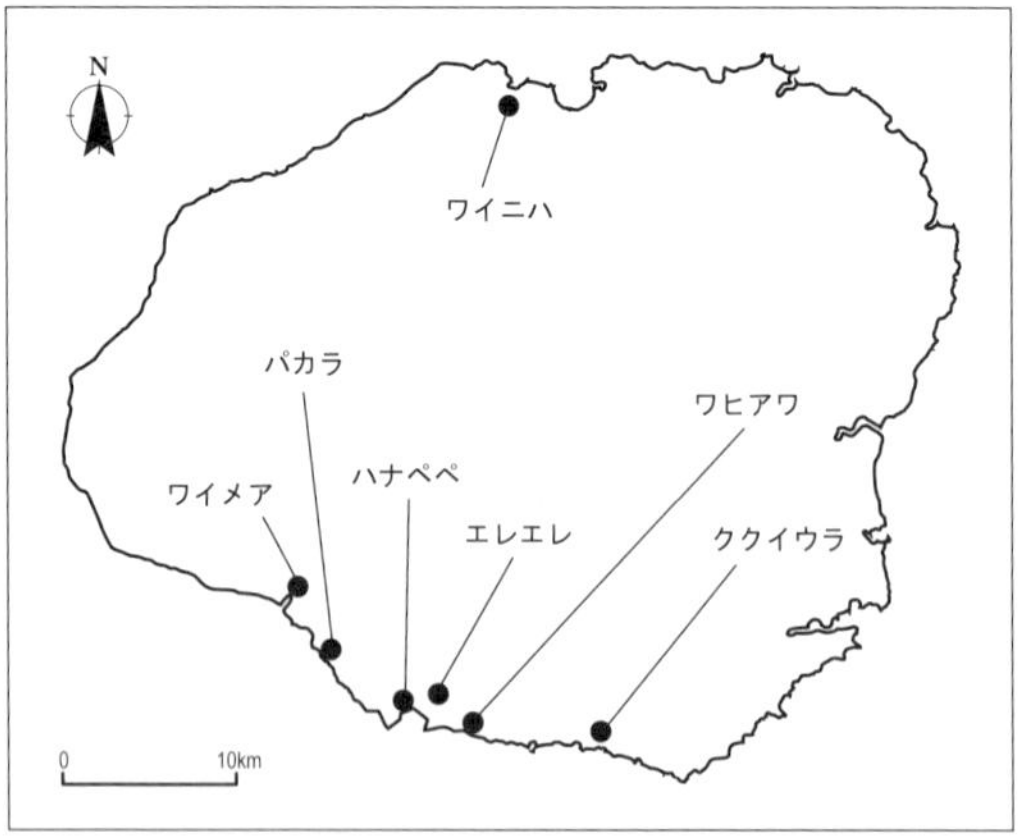

地図10　カウアイ島

またハワイ島にはヒロに大きな日本人漁村があったほか、カウアイ島ではククイウラやワヒアワ、ハナペペ、ワイメア、パカラ、エレエレなどに小さな日本人漁村が誕生していた（地図10）。マウイ島にはラハイナや、マアラエア、キヘイなどに日本人漁村があった（地図11）。ホノルルやヒロの漁民は大型漁船で操業していたが、それ以外の場所では小型の漁船に乗って、おもに地元住民に供給する魚を獲っていた。

漁村の花嫁

漁村の形成や生活について語る際に、ここで少し触れておきたいのは、いわゆる写真花嫁の体験である。一九〇八年に締結された日米紳士協定によって、一般の日本人労働者はアメリカに入国することができなくなった。しかし、すでにアメリカに滞在する日本人が自分の家族を呼び寄せることはできたため、日本から多くの写真花嫁がやってきた。これは一九二四年の排日移民法によって、日本からアメリカへの移民が禁止されるまでつづいた。一般的に知られている写真花嫁の体験は次のようである。ハワイやアメリカ本土に居住する独身男性と日本在住の独身女性が、互いに見ず知らずの関係でありながら、親や仲人《なこうど》が勝手に決めた相手と写真

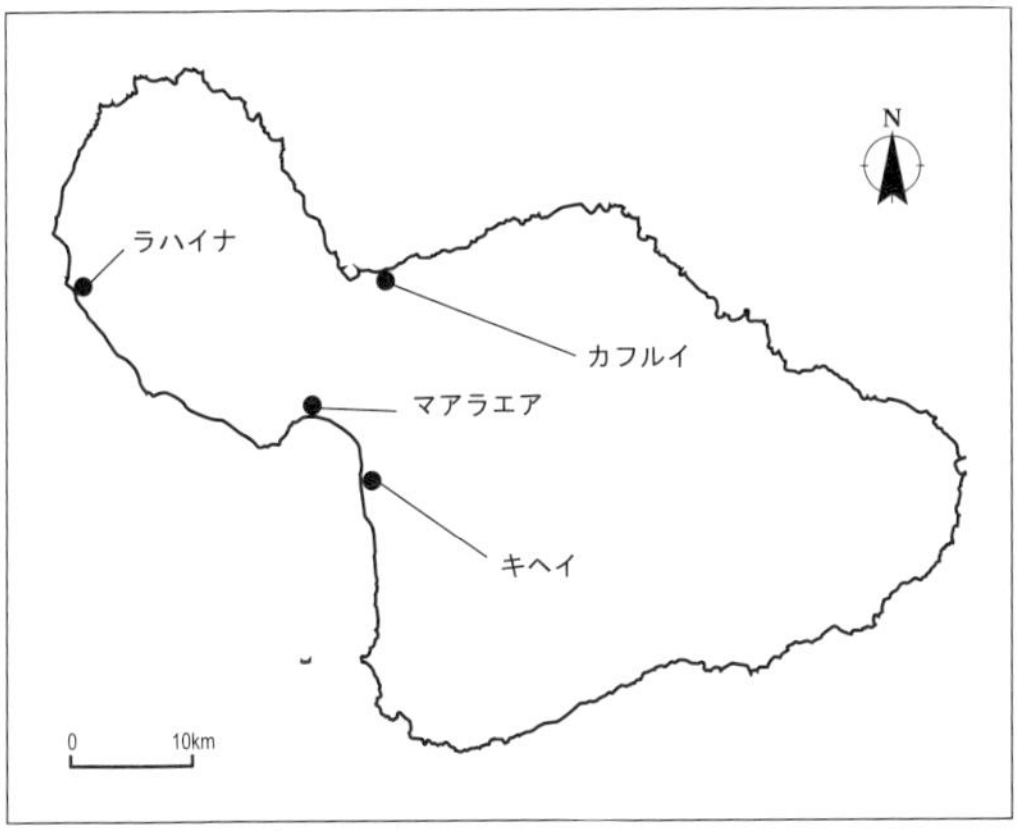

地図11　マウイ島

を交換しただけで結婚、あるいは婚約し、女性がなかば強制的に異国の地に送られた。そして愛のない結婚生活を送り、家庭と労働市場における二重の搾取の被害者になった。

このような写真花嫁の「体験」は、日系三世の女性監督、カヨ・ハッタの映画「ピクチャーブライド」（一九九四年）のテーマにもなった。この映画の主人公リヨは一六歳で親を失ったあと、ハワイのオアフ島に住むマツジの妻となるために日本からホノルルまでやってきた。しかし港で出迎えたマツジはリヨの父親よりも年上で、日本のリヨのもとに送られてきた若くてハンサムな写真は、昔のものであった。騙《だま》されたと思ったものの、日本に帰る金もなければ帰る家もない。夫への愛情を持つことができないリヨは、周囲の労働者と一緒に「ホレホレ節」を歌いながら、砂糖キビプランテーションでのつらい農作業に耐えていくうちに、次第に夫を受け入れ、やがてハワイを終《つい》の棲家《すみか》とすることを決意する。

このリヨに象徴される写真花嫁の「体験」は、日本語、英語にかかわらず、これまで多くの日系移民史関連の本で取り上げられてきた。そしてそのような写真花嫁は、ハワイやアメリカ本土における、日本のイエ制度による女性の抑圧の象徴とも、我慢や自己犠牲を美徳とする日本人女性を代表する存在ともされてきたのである。しかし近年、この型にはまった写真花嫁のイメージを覆《くつがえ》すような研究が登場している。それらによると、彼女たちは渡米に先立って、相手との文通などにより互いの理解や信頼を深め、納得したうえで結婚を決意していたり、農村の貧しい女性だけでなく、高学歴者も結婚をアメリカに行くための手段として用いていたりするなど、その実態は実に多様で、なおかつ自立的である。

　これが漁村の女性となると、さらに事情が異なってくる。たとえば一八歳で沖家室島からハワイにやってきた大谷松治郎は、二一歳の時にハワイ生まれの柳原カネと結婚したが、カネの父、六助は松治郎と同じ沖家室島の出身である。さらにカネと松治郎は、かつて同じ缶詰会社で働いたこともあるなど、互いをよく知る仲でもあった。

　このように、個人的な人脈をたどって配偶者を選んだ場合もあれば、同郷の青年団などの組織が独身男女の「仲介」役を買って出ることもあった。たとえば沖家室島の青年団によって、一九一四年から一九四〇年まで毎月発行されていた雑誌『かむろ』は、毎月のようにハワイの出身者との手紙のやりとりの内容を掲載するなど、海外在住者と故郷の間の橋渡しとしての役割を果たしていた。その『かむろ』は、一九二一年の紙面で、島の独身女性の名前と年齢を一覧表にして発表した。その表には離婚した者も含まれていたため、ある女性が記者に抗議したところ、それに対して記者は、「未婚男子の少なからざる海外在住者に配偶選択の便宜を能《あた》うることは、在内外の連絡機関として当然記者の報道すべき義務を有する事と思います」（『かむろ』一九二一年九月）と反論したうえで、抗議をした女性をはじめ、読者の理解を求めている。

　このやりとりから、沖家室島では若者が主体となって独身男女の仲を取りもっていたこと、さらに女性側もまた、ただ男性に従っていただけではなく、時には公然と異議申立てを行っていた様子が浮かび上がってくる。このような話は、映画のリヨに代表されるような写真花嫁のイメージに、かならずしもあてはまらない（写真14）。

写真14　ホノルルの街角の女性たち
1930年にホノルル市内の繁華街であるリバーストリートで撮影されたもの。このころになると二世となる子どもたちが次々に生まれ、ハワイの日本人コミュニティが拡大した。ハワイ州立公文書館所蔵。

漁村の特徴と女性の貢献

　そもそも漁村と農村では経済的社会的構造が異なる。農作業のような集団労働よりも個人の技量が評価の対象となる漁村では、家父長的な権威も農村にくらべて弱くなる。たとえ父親が優秀な漁民であったとしても、長男がかならずしもその技量を引き継ぐとは限らないからである。また海難によって命を落とす危険性が高かった漁村は、農村社会のような厳格な長子相続制度を持たなかった。そのため、時には末子が家を継ぐことも少なくなかった。

このように、農村のような土地の長子単独相続が経済基盤となっていない漁村では、女性もまた漁労や漁獲物の流通、加工において大きな役割を果たしていた。たとえば江戸時代から大正時代に至るまで、広島城の城下町で商売をする魚行商人のほとんどが、近隣の仁保島やほかの漁村からやってきた女性たちだった。また山口県の周防大島でも、「カタギ」と呼ばれる女性が魚をカゴや桶《おけ》に入れて頭に乗せ、島中を売り歩いた。一方、和歌山県の周参見村の女性は、魚を背負って売りさばいた。

女性が現金収入をもたらす仕事に携わることによって、夫や父親による家父長的支配はさらに弱くなった。また、男性たちが出漁のために家を留守にしている間、女性が家庭を切り盛りしただけでなく、地域の行政や教育などさまざまな分野で活動していた。そのため漁村の女性による水産業や地域社会への貢献は大きかった。

仁保島や周防大島、そして周参見村はいずれも多くの漁民やその家族をハワイに送り込んだ地域でもある。当然、漁村の女性の働きぶりは、ハワイにも持ち込まれることになる。

ハワイの漁村と女性の就労

一九二一年に大谷松治郎、カネ夫妻の次男としてカカアコの漁村で生まれ育った明は、子どものころ、近所の人々が互いに助け合って生活していたことを覚えている。漁船がカカアコに隣接するケワロ湾に帰港すると、子どもたちは口々に「オカズ」と叫びながら群がって魚を分けてもらった。漁師たちは気前が良かったと語るのは船井テルオである。テルオは一九二六年ホノルル生まれで、船大工の父、清一は決して魚をタダでもらおうとしなかった。漁民と日々、接触するなかで、漁労の厳しさを感じていたからであろう。

和歌山県西牟婁《にしむろ》郡下芳養《しもはや》村（現田辺市）からやってきて、ホノルルでカツオ漁に従事していた竹中伊勢松《たけなかいせまつ》は、妻のハルをカカアコに呼び寄せると、やがて娘の静枝と二人の息子を授かった。しかしその後、伊勢松が死去すると、ハルは、伊勢松の誘いで和歌山県西牟婁郡田辺町（現田辺市）からハワイにきていた清水松太郎《しみずまつたろう》と再婚した。清水は妻に先立たれたあと、男手一つで息子を育てていたのである。こうして静枝の継父となった松太郎は「根っからの漁師」であった。

（松太郎は）魚を獲るまでは帰らない。時化《しけ》の時でも沖に居る。この風くらい、と港に戻るのを嫌った。辛抱辛抱で、諦《あきら》めることを知らない。燃料が切れたときだけしょうがない、と帰った（清水、清水、二〇〇八）。

港に帰ってきたあとも、松太郎はすぐに帰宅せず、そのまま港に残って漁具や漁船の手入れをした。

漁師の子どもはうちのパパが家におるの、見たことないと言う。港へ戻ってきても延縄を積んだりエンジンや船を見て、油積んだりアイス積んだりいろいろなことをするのに忙しい。家にいても二日か三日。出るのは朝早い。四時に起きて五時半ごろに出る。子どもは父親に会えない。ママの顔は分かってもパパの顔は見たことない。家にあまりいないから（前掲）。

この清水家のように、父親が不在がちという家庭は、漁村では決して珍しくなかった。そのため、漁村では独特の社会的経済的仕組みができあがった。日本でもそうであったように、夫が漁に出ている間、妻は漁獲物加工の仕事に従事することが多く、専業主婦は稀であった。

ハワイアンツナパッカーズ社で働く女性たち

ホノルルでは漁村女性の多くがハワイアンツナパッカーズ社で働いた（写真15・16）。漁の最盛期に人手が足りないということで、ハワイアンツナパッカーズ社で働きはじめた沖縄出身のヤマウチツルによると、そこで働く女性のほとんどが日本人女性で、カツオの身を切ったり洗浄したり缶に詰めたりする作業をしていた。また現場監督は全員、日本人女性で、工場で使われる言葉も日本語であった。ヤマウチは身の皮をはぐ作業を行い、時給は二〇セントと安かっただけでなく、工場の悪臭がひどく、「私は臭いが嫌だった。いつも着替えを持参したが、それほど多くの服を持っているわけではなく、どうしようもなかった。悪臭のため人前で歩くことが出来なかった」（Ethnic Studies Oral History Project, 501-2)。このヤマウチの言葉が示すように、悪臭に低賃金といった悪条件にもかかわらず、漁村女性はこぞってハワイアンツナパッカーズ社で働いた。同じくハワイアンツナパッカーズ社で働いていた清水静枝によると、

カカアコに住む漁師の奥さん達はみんな、ツナパッカーズ社で働いた。私も行ったよ。

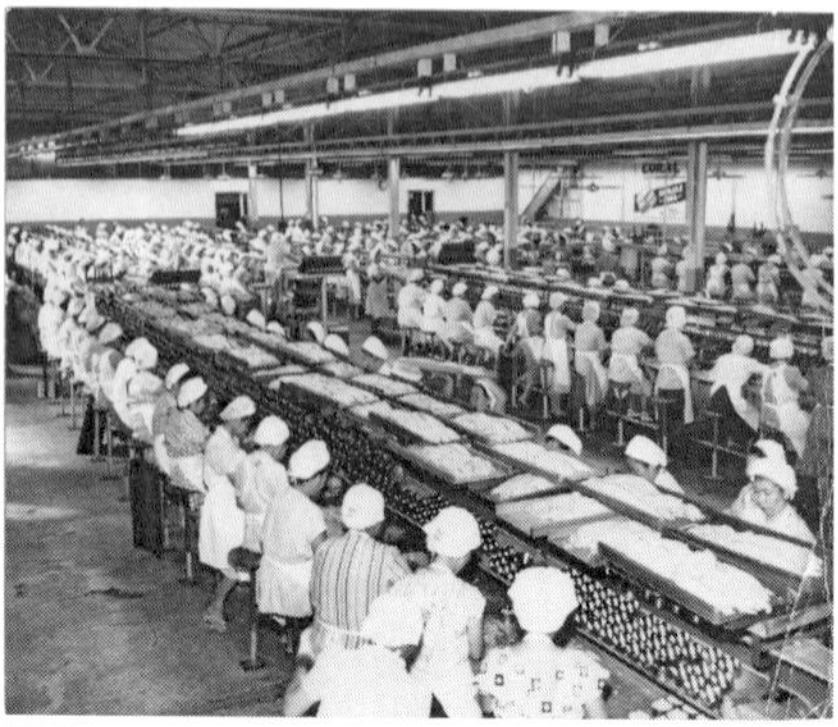

写真15　ハワイアンツナパッカーズ社①
ハワイアンツナパッカーズ社では多くの日本人漁村の女性が働いていた。ハワイ州立公文書館所蔵。

写真16　ハワイアンツナパッカーズ社②
カツオはケワロ湾に面したハワイアンツナパッカーズ社に運び込まれ、缶詰に加工された。新鮮な素材で作られる同社のツナ缶詰は美味しかったという。ハワイ州立公文書館所蔵。

仕事はそんなにえらい（しんどい）ことないよ。カンにきれいに（身を）入れて、ほかに雑用もあるしね。仕事は（午前）七時半から（午後）四時まで。途中、三〇分の昼休みがあった（清水、清水、二〇〇八）。

このような具合に、ハワイアンツナパッカーズ社は日本人女性を低賃金で雇い、繁忙期は長時間働かせた。その一方で漁獲が少ない時期は、一日数時間の労働時間であった。そのため、一九三九年の統計によると、同社のようなツナ缶詰製造を含む製造業の一週間の平均賃金は四ドル四〇セントと、パイナップル缶詰工場の一三ドル四〇セントと比較して半分以下であった（Erickson, 3）。

そのような不安定な労働時間や低賃金にもかかわらず、多くの漁村女性が水産物加工に従事したのは、単に家計の足しにするためだけではなかった。仲間と一緒に働くことによって、夫の不在から生じる孤独感を和《やわ》らげ、日々の苦労を分かち合うことができる職場は、漁村女性社会の中核としての役割も果たしていた。清水静枝によると、「みんな仲良し」だったというハワイアンツナパッカーズ社の女性従業員たちは、「病気になった時なんかはみんな助け合うよ、私ら親戚いないからね、自分らだけ」（清水、清水、二〇〇八）であったため、日々の生活のさまざまな場面で助け合っていた。

漁村の育児

夫が不在がちな家庭において仕事と家事、育児の両立は、多くの働く女性にとって悩みの種であろう。託児所を備えていた砂糖キビプランテーションと異なり、カカアコの漁村にそのような施設はなかった。そこで女性たちは、地域全体で子育てを行うことによって、母親個人にかかる負担を軽減した。船井テルオが幼かったころ、母親のキミはテルオを含む五人の子どもに加えて、夫の造船所で働く六人ないしはそれ以上の人数の見習い工の面倒もみなければならなかった。そんなキミに代わってテルオのお守りをしたのは、カカアコに住む近所の人たちである。

また、大谷明の家はテルオの家のすぐ近所にあり、幼なじみの二人は互いの家をよく行き来した。明の父、松治郎は、テルオの記憶によれば「非常に厳格な仕事人間」で、家にいるときに明と一緒に騒ぐと叱られた。明の母、カネも明を含む八人の子どもたちを育てながらパイナップル缶詰やツナ缶詰の工場で働いていた。松治郎が夜遅くに魚の行商から帰宅すると、カネは行商に使用した馬車の泥を落として馬に餌を与えて、夫の仕事を支えた。「よくやってくれたものと思う」（大谷松治郎、三四頁）と、松治郎は後年、カネの貢献に対して感謝の言葉を残している（写真17）。

また大谷家の隣りに住んで家事や育児を手伝ったカネの母親や、ベビーシッターとして雇われていた福田アキという女性も、大谷家の子どもたちの成長を支えた。さらにカカアコ地区に張りめぐらされていたご近所の「目」や、自動車が非常に少なかったことなども、子育ての不安を和らげていた。テルオや明は子どものころ、車にはねられたり犯罪に巻き込まれたりする心配をすることもなく、いつも道路で野球をして遊んでいた。全力で逃げ出したのは、ホームランを打って誰かの家の窓ガラスを割ったときだけであったという。

写真17　大谷一家
大谷松治郎、カネ夫妻と子どもたち。これは故郷、沖家室島の親族に送った１枚である。大谷亮子所蔵。

女性の水産流通、加工業への貢献

日本人漁業の黎明《れいめい》期から、ハワイでは多くの女性たちが漁獲物をプランテーションで売り歩き、魚を獲る夫と消費者をつなぐ役割を果たしてきた。一九〇五年にオアフ島ノースショア地域のワイアルアに生まれ、そこで成長したポルトガル系のルーシー・ロベロは、次のように回顧している。

魚の行商人――その多くは日本人女性であった――がやってきたときには、ポルトガル人は魚が好きなので、私たちはいつも魚を買って食べた。行商人は氷の塊と一緒に魚を入れた箱を背負っていた。そして魚をハカリに乗せ、お客さんはほしい分だけ買った。魚のほとんどはアクレと呼ばれるムロアジ類やオペルと呼ばれるサバなどの小魚で、値段が手ごろであれば、私の母はたくさん魚を買い込み、その日のわが家の食卓に鮮魚が供された。私たちは冷蔵庫を持っていなかったため、残りの魚は塩漬けにした。日本人行商人は魚がないときでも、ヘッドキャベツやさつま芋などを売っていて、私たちはそれらの野菜を買ったものだった（Kodama-Nishimoto, 80–1）。

ロベロの話から、日本人女性行商人の行動範囲が日本人社会の枠を超えて、多民族社会ハワイのさまざまなエスニックグループの食卓に魚を届けていたことや、氷を使って傷みやすい魚の鮮度管理を行っていたこと、そして魚が手に入らないときには野菜などほかの商品を売っていたことなどがわかる（写真18）。このような女性魚行商人の商習慣が、日本から持ち込まれたものであることは言うまでもないだろう。

またホノルル市街地の鮮魚の仲買や小売りを行う会社においても、女性の活躍は大きかった。たとえば大谷松治郎が経営する大谷商会では、成長した長男の治郎一《じろいち》や次男の明に加えて長女のフローレンスと次女グラディスも、会社のスタッフとして父の事業を支えていた（写真19）。経営への女性の参画はハワイの流通の現場ではよくあることで、連邦労働省女性局の調査によると、一九三八年当時、ホノルルの小売業界の被雇用者の六二%以上、ヒロおよびそれ以外の街では四六%が女性であった（Erickson, 2）。

鮮魚仲買や小売りに関する男女別の統計資料は存在しないが、一九七〇年代初頭に行われた文化人類学者の調査によると、過去何十年間にも渡って、「資本がほとんど要《い》らないが、

写真18　女性行商人

日本人女性行商人。この写真の裏面には「魚行商人」との説明書きがある。もっとも商品を見ると魚以外のものも商っていた様子がうかがえる。ハワイ州立公文書館所蔵。

写真19　大谷商会

大谷松治郎の子どもたちは成長すると父の会社で仕事を手伝った。左端から大谷松治郎、次女グラディス、長男治郎一、奥に座っているのが長女フローレンス。大谷明所蔵。

大変な労力を要する（中略）一日一〇から一四時間、週七日間」（Peterson, 129）の労働時間という鮮魚販売の現場では、女性の存在が目立っていた。これらの女性の多くは日系人で、日々顧客に接したり、事務室の奥で事務仕事に専念したりといった水産流通のさまざまな場で重要な位置を占めていたのである。

ハワイの「こんぴらさん」

> カナカ着一衣《ひとえ》でも呑気《のんき》で何処《どこ》へも行く、飾《かざ》り気《け》のない国訛《くになま》りで何処でも大声で喋舌《しゃべ》る、少々暴風雨が続いて金がなくなっても平気である五日ても《ママ》　十日でも茶粥啜《ちゃがゆすす》って何とも思わぬ丈《だ》け豪気《ごうき》なのである、只《た》だ夫の身の上気遣《きづか》う一念ばかりである。（中略）何々一金何弗《ドル》御花右は何々御神様より下さると読み上げる芳名《ほうめい》は漁夫の妻の芳名少なからす、又義捐金《ぎえんきん》にも思い切って出すのは漁夫の妻である（『布哇殖民新聞』一九一〇年七月一五日）。

この記事から浮かび上がってくるのは、漁村女性が細かいことを気にせず、ざっくばらんに生活していた様子である。その一方で、海に出ている夫のことをいつも心配し、神仏の加護を求めていたこともうかがえる。ハワイで漁村が形成されたころ、すでに仏教やキリスト教など、地元の日本人社会に深く根を下ろした宗教が存在していた。しかしハワイの海の民が心の拠り所としたのは、金刀比羅《ことひら》神社など、日本の海の神々であった。

現在でも「こんぴらさん」の愛称で親しまれている香川県の金刀比羅宮は、海の守護神として過去何百年もの間、海の民の信仰を集めてきた。讃岐《さぬき》平野を見下ろす象頭山《ぞうずさん》にある金刀比羅宮は、昔から沖を航行する船の目印となってきた。やがて海の神様としての名声が高まった金刀比羅宮は、瀬戸内海各地はもとより、日本全国の沿岸部から参拝者が訪れるようになり、今日に至っている。

一方、ハワイにおける「こんぴらさん」の歴史は、日本人漁民がハワイの海に現れはじめた時期とほぼ同じころにまでさかのぼる。最も古い記録によると、一九〇一年にマウイ島ワイルクの海からほど近い場所に金刀比羅神社が誕生した。ホノルルでは一九一九年に、サンパン漁船所有者の寄付金によって運営される水産慈善会という団体事務所の神棚に、金刀比羅宮のお札《ふだ》が祀《まつ》られた。この水産慈善会では、サンパン船主が定期的に集まって話し合いが持たれており、水難が起きたときには水産慈善会の費用で捜索《そうさく》活動を行っていた。そのような活動を見守る「こんぴらさん」のお札は、一九二一年に正式に鎮座《ちんざ》してカカアコ金刀比羅神社となった。それ以降、近隣に居住する漁民やその家族の信仰を集めた。

ホノルルにはカパラマ地区にも「こんぴらさん」がある。広島県出身の神職、広田斎《いつき》が、知人らと協力して一九二〇年ごろに創建したのがハワイ金刀比羅神社であった。この神社は一九二一年一一月一三日にカマレーンに移転し、現在に至っている（写真20）。創建当時の神

写真20　ハワイ金刀比羅神社
創建当時ハワイ最大の面積を誇る神社であった。ハワイ金刀比羅神社・ハワイ太宰府天満宮所蔵。

社の敷地面積は約一四〇七坪と、一九五七年にルナリロフリーウェイ建設のためにその三分の二を失うまで、ハワイの神社のなかで最大の面積を誇っていた。境内《けいだい》には人々から寄せられた二万五〇〇〇ドルの寄付金によって建てられた神殿や拝殿、社務所や社宅、遊技場、鳥居、手水舎《ちょうずや》、土俵などがあった。このハワイ金刀比羅神社の規模の大きさは、ホノルルはもとよりオアフ島内外の日本人漁村の繁栄を物語っている。

さらにハワイ金刀比羅神社以外にもホノルル市内に海神《わたづみ》神社、カカアコやオアフ島ハレイワやアイエア、マウイ島マアラエアに「恵比寿《えびす》さん」を祀る恵比寿神社、そしてカウアイ島カパアに厳島《いつくしま》神社などが次々と誕生した。

このような海神を祀る神社を参拝するかたわら、人々は日本の故郷の神仏の加護を求めて積極的に寄進した。たとえば沖家室島にある泊清《はくせい》寺の格調高い本堂や蛭子《えびす》神社の立派な石段は、ハワイをはじめとする海外在住の同郷者から寄せられた信心の賜物でもある（写真21）。また、講《こう》と呼ばれる組織も宗教的な活動の基盤として機能していた。たとえば戦前、ハワイの沖家室島出身者は九つの講を持っていたが、観音講の集まりの参加者の多くは女性であった。一方、八幡さまを祀る講は男性からの寄進を多く集め、沖家室島の戦没者遺族へ送金するなど、男女によって所属する講が異なっていた。これらの講はハワイ在住の同郷者同士の絆《きずな》を深めるとともに、故郷との結びつきを守る役割を果たしていた。

陸の人々との違い

このような漁村ならではの労働や生活習慣は、「陸上に居る人々の心理とは幾分《いくぶん》か違った所」（『日布時事』一九二二年一〇月一〇日）を生み出すこともあった。カカアコ水産慈善会書記、吉村国一《よしむらこくいち》によると「漁業に従事する者は陸上の問題に余りタッチしない」ため、漁民のなかには「陸上に居る人」の圧倒的な勢力下にある日本人会などはどうでもよい、と考える人がいた（前掲）。

写真21　蛭子神社
沖家室島にある蛭子神社の石段には、ハワイでスイサン株式会社を設立した北川磯治（次）郎をはじめ、海外へ渡った出身者の名前が刻まれている。筆者撮影。

このような陸《おか》と海の隔《へだ》たりは、オアフ島のプランテーション労働者の約七七％にあたる八三〇〇人の日本人労働者とフィリピン人労働者が参加した一九二〇年の大ストライキに、漁民があまり大きな関心を払っていなかったことからもうかがえる。沖家室島の青年団の月刊誌『かむろ』には、オアフ島のプランテーション労働者にとって非常に大きな影響を与えたこのストライキに関する記述がほとんど見当たらない。ハワイと沖家室島との手紙のやりとりから推測する限り、プランテーションでのできごとは、漁村の生活にあまり大きな影響を与えなかったのかもしれない。

日本人水産業の光と影

こうして、ハワイにおける漁労から漁獲物の加工、流通に至る水産業を確立した日本の海の民は、互いに力を合わせて仕事をし、子どもを育て、海の安全を見守る神々や故郷の寺社に祈りながら日々の生活を送ったのであった。こうして迎えた一九三〇年代は、ハワイにおける日本人水産業の最盛期であったと同時に、その栄光が陰《かげ》りはじめた時期でもあった。次第に悪化の一途をたどった日米関係の波は、やがて大きなうねりとなって、ハワイの浦々に押し寄せようとしていた。Ⅳで論じるように、その波はこれまでの日本人排斥運動よりもはるかに強大で、かつ水産業にとって深刻な影響を及ぼすこととなるのである。

コラム　ハワイの海の神様を訪ねて

日本からハワイへやってくる観光客の多くは、ホノルルのワイキキビーチやアラモアナショッピングセンターを訪れてリゾート気分を味わう。少しでもハワイの歴史に興味がある人はイオラニ宮殿や真珠湾に足を運んだりすることだろう。また混み合うワイキキビーチを避けて、美しいビーチが広がるカネオへやノースショアへ向かう人も多い。しかしここで触れるのは、そのような華やかな観光地ではない。日本の海の民の信仰を集めてきた海の神様という、いわばディープなハワイである。

ダニエル・K・イノウエ国際空港（長らく連邦上院議員を務めた日系二世のイノウエ議員の功績を称《たた》えて名づけられた）からH1フリーウェイを通ってワイキキ方面へ向かう途中、右手に

写真22　台座に刻まれた寄進者の名前
ハワイ金刀比羅神社（現ハワイ金刀比羅神社・ハワイ太宰府天満宮）にある日本から送られてきた狛犬の台座には、寄進者の名前が刻み込まれている。津田朋佳撮影。

真っ白い神社の鳥居が見えてくる。初めてハワイを訪れたときにこの鳥居を目にした私は、正直、面食らってしまった。この鳥居の正体はハワイ金刀比羅神社・ハワイ太宰府天満宮であったが、そのときの私は、まさかハワイに神社があるとは思いもよらなかったのである。ダウンタウンからさほど遠くないハワイの「こんぴらさん」の活動は、後述するように、なかなか独創的である。神社のホームページに月々の行事が日英両語で掲載されているので、それを参照して訪れてみてもよいだろう。また境内には一九三五年に山口県から寄贈された立派な石灯籠と狛犬《こまいぬ》がある。これはハワイと移民出身地とのつながりの深さを示唆する貴重な資料でもある（写真22）。

なお、ホノルル市内には、ほかにもハワイ大神宮や石鎚《いしづち》神社、ハワイ出雲大社がある。ハワイ大神宮はパリハイウェイの近く、そして石鎚神社はサウスキング通り沿いにある小さな神社で、閑静な佇《たたず》まいである。一方、ハワイ出雲大社は海の神様ではないが、日本のとある民放番組で大きく取り上げられてから、日本の観光客が殺到するようになった。そのため宮司《ぐうじ》の天野大也《あまのだいや》は少々困惑気味である。ハワイ大学大学院在学中、私は正月にこの神社で巫女《みこ》のボランティアをした。そのころのハワイ出雲大社はとても静かで、正月になると、大勢の人が、まるで湧いて出たかのように押し寄せて大忙しになったものである。初詣に訪れる参拝者が一晩中絶えないのを見て、当時の私は、ここが観光地ではなく地元の生活に根を下ろした神社であることを感じたものであった。観光用のトロリーバスが一五分ごとに神社前に発着するようになった現在はどうであろうか。

海の神様はオアフ島以外にもいる。ハワイ島のヒロにあるヒロ大神宮は、天照大神《あまてらすおおかみ》を祀る伊勢神宮の系列である。伊勢神宮は海の神様でもあり、ヒロ大神宮は一八九八年に大和神社として建立された当初から、周辺の砂糖キビプランテーション労働者のみならず、多くの日本の海の民の信仰を集めてきた。一九六〇年にヒロを襲った津波によって、ワイロア川に隣接しマノノ通りの海の近くにあった社殿が全壊したため、その三年後に高台の現在地（アネラ通り）へと移転した。

現在、ヒロ大神宮の宮司を務める堀田尚宏《ほったなおひろ》は岐阜県出身で、日英両語を駆使してFacebookなどのＳＮＳで積極的に神社の広報を行うなど、その活動は現代的である。また神社では月々のさまざまな宗教行事に加えて、日本で災害が起きると被災者のための義捐金を募《つの》るなど、日本とのつながりも大切にしている。その一方で、堀田は神道《しんとう》とハワイ文化の類似点、たとえば神道では聖と俗の境界線に榊《さかき》を置くが、ハワイ文化ではティリーフ（センネンソウ）を隣の土地との境界線に置く、といったことや、神道の神楽《かぐら》とフラカヒコ（伝統的フラ）が、ともに神に奉納する舞踊であることなどに注目しており、地元の文化への敬意も忘れない。神社の境内は広大で駐車場もたっぷりあり、またかわいらしいお守りやおみくじも売られている。

ヒロの街には、日本からの直行便が飛んでいるコナのようなリゾート感はない。日本人観光客は、せいぜい、とある有名チョコレート工場を訪れるだけであるが、実はこの街にはカメハメハアベニュー沿いをはじめ、あちこちにおいしいレストランが点在している。また後述するが、ワイロア川河口にはスイサン株式会社の鮮魚店があり、新鮮なポキが食べられる。ヒロは年間を通して降水量が多く、空気がしっとり潤《うるお》っていて日本的である。さらに街並みもどこか、日本の古い町のような風情《ふぜい》がある。

そして序で述べたように、この街の太平洋津波博物館は日本人にとっても学ぶところが多い。ヒロ湾に面した場所にはワイロアリバー州立公園が広がって、市民の憩《いこ》いの場になっているが、実はここにはかつて日本人街があった。しかしたびたび津波に襲われたため、民家の多くは高台に移り、跡地が公園として整備されたのである（写真23）。

マウイ島にも海の神様がいる。一九〇一年に誕生した馬哇《まうい》金刀比羅神社である（写真24）。

ワイルクの海の近くに現存するマウイ神社の兼務社とされているが、長らく宮司を務めてきた有根《ありね》トラ子亡きあと、ハワイ出雲大社とヒロ大神宮の宮司が時折訪れるほか、神社は無人である。日本の檜皮葺《ひわだぶき》を思わせる屋根を持つ建物は重厚感があるが、シロアリによる被害が心配されている。現地では保存会が立ち上がっているが、私が二〇一八年六月に訪れた時点では、修理が行われている気配はなかった。

　またマウイ神社から、ちょうど首のようになっている島の中央部を車で数十分ほどかけて

写真23　ヒロ遠景
ヒロ湾に面したこの地域には、かつて多くの日本人漁民やその家族が住む集落が広がり、ヒロ大神宮も建っていた。しかし度々津波被害を受けたため、現在はワイロアリバー州立公園となっている。津田朋佳撮影。

写真24　マウイ神社
馬哇金刀比羅神社の兼務社でもあるマウイ神社は現在、無人であるため、建物の保存が喫緊の課題となっている。筆者撮影。

写真25　恵比寿像を祀る祠
小さいながら手入れがよく行き届いている。筆者撮影。

写真26　マウイの一本松
東日本大震災の犠牲者を悼んで植えられたマウイの一本松である。筆者撮影。

横断すると、島の反対側にあるマアラエア湾に出る。海の向こうに霊峰ハレアカラを望む風《ふう》光明《こうめい》媚《び》なこの地に、恵比寿像を祀る祠《ほこら》がある。さほど大きくないが、恵比寿さんを囲む祠と、その前に立つ真っ赤な鳥居は手入れが行き届き、今でも地元の人々に愛されている様子がひしひしと伝わってくる（写真25）。

　最後に紹介するのは、これまた海の神様とは少々異なるが、大勢の観光客が訪れるマウイ島のイアオ渓谷から車で一〇分ほどの距離にあるケパニワイパークのヘリテージガーデン（継承物庭園）である。ここには日本の砂糖キビプランテーション労働者像や日本庭園をはじめ、韓国や中国、ポルトガルからの移民のモニュメントが融和的に立っている。その日本庭園の片隅《かたすみ》に一本の松の苗木が植えられている（写真26）。これは二〇一一年三月一一日に起きた東日本大震災の犠牲者を悼《いた》むために、岩手県陸前高田市《りくぜんたかたし》の海岸で津波に耐え残った「奇跡の一本松」にちなんで、マウイの日系人が植樹したものである。未曾有《みぞう》の大災害からの復興への希望を託したもう一本の「奇跡の一本松」が、マウイ島にあることを知る日本人は少ない。もしマウイ島を訪問する機会があれば、ぜひここも訪れてほしい。

Ⅳ　戦争と海

サンパン漁船に対するワシントンの懸念と排日の動き

ハワイの海に進出して近代的水産業を立ち上げ、発展させてきた日本の海の民の生活を脅かす最初の大波は、アメリカの首都ワシントンからやってきた。そもそもハワイの海を活躍の場としてきた人々は、日本の植民地とされた朝鮮や台湾に進出した日本人漁民と異なり、母国や植民地政府から支援を受けたり、あるいはそれらに支配されたりすることはなかった。

それにもかかわらず、ワシントンの連邦政府や軍の関係者のなかには、ハワイの日本人漁民を日本の帝国主義の手先とみなす者も少なくなかった。ワレン・ハーディング大統領（在職一九二一―二三年）によって組織されたハワイアン労働委員会が、ジェームズ・J・デービス労働長官（在職一九二一―三〇年）に提供した情報によると、卓越した性能を持つ日本人のサンパン漁船には、一度に数千人を乗せて五〇〇マイル（約八〇五キロ）を航行する性能があるとされた。また陸軍情報部ハワイ部門G2のジョージ・ブルック課長も「軍事的視点から見た日本人の実情とハワイ準州への影響」と題した報告書のなかで、日本人漁民がハワイ諸島周辺の珊瑚礁や湾口に関して相当な知識を持っていることを指摘するとともに、アメリカの水域において外国人から漁業権を没収するべきであると提言した。そしてブルックの後任であるA・A・ウッド・ジュニア大尉はさらに一歩踏み込んで、日本人漁民には祖国の海軍での従軍経験を持つ者もいるため、有事の際は外国によるハワイ諸島の占領を手助けする可能性があると警告した（Okihiro, 96, 110, 112-3）。

このような誇張を含む情報と、それにもとづく警戒心は、やがて外国人を海から締め出す漁業関連法の制定へとつながった。連邦政府は、一九二三年に制定された関税法第四四九条の解釈を変更して、一九三〇年五月以降は、公海上において非市民が所有する漁船が捕獲した魚類一ポンド（約四五四グラム）につき一～三セントを課税することとした。この新たな方針が実行に移されると、日本人が所有するサンパン漁船約四〇〇隻と一〇〇〇人以上の日本人漁民を抱えるハワイの水産関係者は大混乱に陥った。税関職員がカジキや太刀魚《たちうお》、サメなどの魚に容赦なく税金をかけはじめたからである。

そこで水産関連業者は、こぞってこの規制の廃止を求める運動を開始した。準州政府や日本国総領事館に対してのみならず、連邦議会下院のヴィクター・S・K・ヒューストン代議士にも直接働きかけると、それを受けてヒューストンが財務省にかけ合ってハワイの漁業利権を守るべく奔走した結果、まもなく規制は廃止された。

真珠湾とカネオへ湾での生き餌漁をめぐる議論

このような水産業界の運動によって、ハワイの漁業はからくも連邦政府による介入から守られた。しかしその後も連邦政府による圧力は高まるばかりであった。とりわけ米海軍は、サンパン漁船が真珠湾やカネオへ湾の海軍基地の目の前で漁労を行っていたことから、これらの漁船によるスパイ行為を疑った。真珠湾もカネオへ湾も、ネフ（ハワイアンイワシ）やイアオ（トウゴロイワシ）などの生き餌を獲る良い漁場だったのである。

生き餌の確保は、カツオ一本釣り漁にとって死活問題であった。一九三〇年代になると、沖にはあふれんばかりのカツオが生息していたにもかかわらず、生き餌不足のために漁獲量が伸びず、カツオを材料とするツナ缶詰の製造に支障をきたしていた。ハワイアンツナパッカーズ社は一九三〇年に一一万箱のツナ缶詰を製造したが、その翌年には三万七〇〇〇箱にまで生産が落ち込んだほどである。

深刻な生き餌不足を解消するため、同社はアメリカ本土から一〇万トンの生きたイワシを運んできてハワイ海域に放流した。しかしこのイワシはカツオの群れを海面に引きつけることなく、すぐに水中深く潜り込んでしまったため、生き餌にならなかった。このような失敗にもかかわらず、ハワイアンツナパッカーズ社は一九三〇年代を通して、繰り返しメキシコや南カリフォルニアからのアンチョビーやイワシの導入を試みていた。その一方で、海軍に対して、真珠湾での生き餌漁場の拡大を繰り返し求めていたものの、それは認められるべくもなかった。

ルーズベルト大統領に立ち向かうポインデクスター準州知事

一九三〇年代に入ると、日本が満州国という傀儡《かいらい》（日本の意のままに動く）国家を成立させるなど、中国での勢力を拡大した。そして中国での自国の利権が脅かされたと主張するアメリカとの関係が悪化すると、有事の際にハワイ周辺の海域が敵によって封鎖された場合、どのようにして食糧を確保するかという問題が浮上した。当時ハワイで供給される食糧の約七割が、米本土などから輸入されていたからである。そこで準州政府は、プランテーションや電力などのインフラ関係者、ハワイ大学の家政学者などの専門家を動員して、食糧を確保するための方法を考えたり、万一、周辺海域が封鎖された際に、地元で手に入れることができる食材を使ったレシピを考案したりするなど、具体的な対策を立てはじめた。

しかし、有事の際の仮想敵として暗に日本を想定していたものの、このころの準州政府は、Ⅱでも触れたように、日本から積極的に水産生物を取り入れて水産業の振興を図るなど、むしろ日本との協力関係を重視していた。もっとも外国人頼みになっている地元の漁業の実態を問題視していたものの、それでも地元の海で操業する日本人漁民を日本のスパイではなく、住民のための貴重な蛋白源の供給者として扱っていた。

その一方で、米海軍はサンパン漁船を日本海軍の戦艦と同一視しただけでなく、ハワイの日本人漁民について、たとえ二世のアメリカ市民であっても日本に忠誠を誓う危険な存在とみなしていた。そこで海軍はポインデクスター準州知事に対して、アメリカ国内を拠点として操業する漁船の乗組員を全員、アメリカ市民に限定することなど、日本人漁労の締めつけを要求した。さらに財務省沿岸警備隊もポインデクスター準州知事に対して、外国人所有漁船の操業を準州法によって制限するよう勧告した。従来の準州法では市民の漁業ライセンス料が年間五ドル、非市民が二〇ドルと異なる以外、市民と非市民による漁労の区別をしていなかったのである。

しかしポインデクスターは、このころハワイを訪問したフランクリン・D・ルーズベルト大統領（在職一九三三―四五年）や海軍関係者との会談内容を踏まえつつ、海軍や沿岸警備隊

写真27　ホワイトハウス
ホワイトハウス（大統領府）とハワイ準州は、日本人漁業をめぐる見解の相違から、しばしば対立した。筆者撮影。

による日本人漁民排斥案に反論した。彼はアメリカ国内を拠点に操業する漁船すべての乗組員を市民に限定することは「非現実的」であり、ハワイで操業する漁民の多数を占める日本人からその生業を奪うことは、「失業率の上昇を招きこそすれ、ハワイにおける軍事状況の向上をもたらすとは考えにくい」と、ルーズベルトに宛てた手紙のなかで訴えたのである（アメリカ国立公文書館 RG126）。

この手紙を受け取ったルーズベルトは、逆に態度を硬化させた。海軍や沿岸警備隊から寄せられる情報によって、日本人漁業に対する不信感を募らせていたルーズベルトは早速、外国人漁業を制限する法案の制定に取りかかったのである。こうして一九三九年に制定された連邦法では、アメリカ市民のみが五純トン（船舶の総容積である総トン数から積載貨物や船客に関係ない容積を差し引いた、貨客の搭載に利用できる容積）以上の漁船を所有し、かつ船長として操業することができるという規定が含まれた。当時ハワイ海域で操業していたサンパン漁船の多くは五純トン以上で、市民権を持つ漁民の数は持たない者よりもはるかに少なかった。そのためこの法律は、のちにハワイで大きな問題を引き起こすことになる（写真27）。

加速する海からの排日と漁船の没収

日本人を海から排斥する動きは、一九三七年以降に日本軍が中国への侵攻を拡大させると一層強まった。とりわけ、一九四一年二月一八日に発令された大統領令によって、オアフ島カネオへ湾が海軍防備区域に設定されると、軍用以外の目的による立ち入りが禁止された。そのためカネオへ湾での生き餌漁ができなくなった。

さらにこのころになると、日本からハワイに密航してきた漁民の摘発と日本への強制送還が相次いだ。カカアコで育った清水静枝は、「日本との関係がごちゃごちゃしてきた」（清水、二〇〇八）ために、実父、竹中伊勢松が出身地の和歌山県からハワイに呼び寄せた漁民のうち、少なくとも四、五人がこの時期に帰国したことを覚えている。

紀州漁船船団の中心人物である貴多鶴松もまた、一九四一年に帰国した漁民の一人である。貴多は一九〇七年に紀南の江須ノ川という小さな漁村からハワイへやってきて以来、人生の大半をハワイの水産業の発展のためにささげてきた。その貴多が帰国を余儀なくされた理由として、次のできごとを挙げる方が自然であろう。一九四一年二月二八日に連邦大陪審《だいばいしん》（一般市民から選ばれた陪審員が、連邦法違反で容疑者を起訴するか否かを判断する）が、貴多鶴松を含む漁業関係者七一人と、ホノルルの三大日本人漁業会社である布哇水産会社、太平洋漁業会社、ホノルル漁業会社を、不当に漁船ライセンスを取得したという理由で起訴したのである。検察によると、起訴された者は市民権を持つ親族や友人に漁船を売却したとみせかけて、実際は漁船を所有していた。そしてまもなく連邦政府税関は、一九隻の漁船を没収してホノルル港の一六番桟橋に係留したのである。これらの漁船のうち一二隻はカツオ一本釣り漁船、残りはマグロ漁船などであった。この一連の措置は、連邦裁判所がホノルルの大型漁船を狙い撃ちしたことを示している。

この事件の一か月前に帰国し、一九四五年に没するまで故郷の江須ノ川で過ごした貴多鶴松は、からくもこの排日の大波を避けることができた。しかしハワイに残った息子の勝吉は、突然、貴重な資産である漁船を失っただけでなく、その後の裁判費用も負担しなければならなくなった。漁船富士丸を没収された広島県出身の田村糸之助《たむらいとのすけ》は、二世の息子二人を利用して虚偽の漁船登録をしたという訴えに反論して裁判で無罪を勝ち取り、船を取り戻したが、これはむしろ例外的である。没収漁船一九隻のうち一二隻のカツオ漁船を所有していたハワイアンツナパッカーズ社や、貴多勝吉をはじめとする漁船所有者は弁護士をワシントンに送り込んで、準州のサミュエル・キング連邦議会代議士（在職一九三五―四三年）や司法省などの関係省庁に対して、寛大な措置を求めた。

このような一連の活動の結果、裁判所が認めたアメリカ市民に漁船を売ること、また漁船の値段の二割の金額と裁判費用を支払う、という二つの条件のもとで、漁船が返却されることになった。しかし漁船がもとの持ち主に戻されるまでの間、大型漁船の没収によってホノルルにおける日々の鮮魚供給量は二割から三割も減少した。とりわけカツオ漁船一二隻を没収されたハワイアンツナパッカーズ社は大打撃を受けた。

ハワイの水産業を守り育てようとする動き

このようにワシントンでは、特に大統領や海軍を中心として日本人漁業に対する締めつけを強化する動きが強くなったが、連邦政府の水産行政を司《つかさど》る商務省漁業局は、それらと別路線を歩んでいた。漁業局はハワイ準州政府側の要請に応じて、一九三八年にフランク・ベル漁業局長とエルマー・ヒギンズ漁業局科学調査課長をワシントンからハワイへ送り込むと、二人は一か月に及ぶ滞在期間中に、多くの日本人漁民や日本人漁業会社の関係者と交流し、それらの意見をもとに報告書をまとめた。この報告書は、ハワイの水産業に関する客観的なデータを踏まえ、科学的水産調査の実行や水産試験場の設立、漁業調査船の製造の必要性など、ハワイにおける水産業の振興のための具体的な提案を盛り込んでいた。

ベルとヒギンズの報告書は、ダニエル・C・ローパー商務長官とハロルド・イッキーズ内務長官から高く評価された。そして一九四〇年に商務省漁業局が内務省に移管されたうえで、魚類および野生生物局として再編成されると、この新しい局は、準州のサミュエル・キング連邦議会代議士と連絡を取り合いながら、連邦主体によるハワイの水産調査の実現を目指しはじめたのである。

またハワイ準州議会では、水産業界が漁船没収のため大混乱に陥っていた最中の一九四一年三月に、ウォルター・マックファーレン下院議員によって、水産業振興費二万ドルを要求する法案が提出されていた。これまでのハワイの食糧資源調査において、漁業への予算配分が最も少なかったことに対する反省を踏まえて作成されたこの法案には、漁場調査や漁民の保護、適正な魚価の実現などのための対策費用が盛り込まれていた。このような連邦漁業局や準州による一連の水産振興策は、十年以上も前から揚野貫三郎ら関係者が強く求めていたものである。それが紆余《うよ》曲折《きょくせつ》を経てようやく実現へ向けて具体化してきた矢先に、とてつもなく大きく、かつ破壊的な大波がハワイに襲いかかろうとしていた。

真珠湾攻撃

一二月七日（現地時間）、ホノルルのワイナ沖で、シビ縄の操業をしていた。真珠湾の方に大黒煙があがっているのに気がついた。同僚に「あれはただの煙ではない」と声をかけた。八時頃だった飛行機が三〇機程飛んできて、船の周りに機関銃をうって合図をして飛び去った。坂田源四郎は「戦争が始まった。今のは日本の飛行機だった」と言ったが、他の者は「赤十字のマークだった。陸地で何事かあったので知らせてくれたのだ」と言った。一〇時ごろ、今度は米国の飛行機であった。狙撃であった。機関銃はマストや甲板にパチパチ当った。みんな機関室や魚槽に飛びこんだ。飛び去ったあと甲板に弾が無数に突きささっていた。「実弾だ」という者と、演習だという者と意見が分かれた。それ程意外だった。だからどうしたらよいという考えも浮かばなかった（すさみ町誌編さん委員会、二八九―二九〇頁）。

和歌山県出身の漁民、政ヶ谷与蔵《まさがたによぞう》は、日本軍による真珠湾攻撃がはじまったときにホノルル沖で操業中であった（写真28）。この政ヶ谷の言葉は、ホノルル沖で思いがけず日本軍機と遭遇したこと、そしてその後、米軍機から攻撃を受けて本人や同僚が大混乱に陥ったときの緊迫感を伝えている。操業中の漁船に対して日本軍機が送ったとされる「合図」は、ハワイ沖で操業する漁船の乗組員がほぼ日本人であることを、日本海軍側が承知していたためであろう。そして米軍機による漁船の攻撃は、いわば究極の排日行為であり、オアフ島沖で操業する日本人漁民は米軍による攻撃の対象となった最初の非戦闘員でもあった。

政ヶ谷らはこの攻撃から生還することができたが、貴多鶴松の従兄弟《いとこ》の貴多捨松《すてまつ》とその長

写真28　真珠湾攻撃
日本軍の攻撃で炎上する米戦艦アリゾナ。この攻撃によって大混乱に陥ったのは真珠湾の米軍基地だけではなかった。アメリカ国立公文書館所蔵。

男は、操業中に受けた攻撃によって命を落とした。突然夫と息子を亡くした捨松の妻、まつは、六人の娘を一人で育てなければならなくなった。ほかに何人もの日本人漁民やその家族が、貴多捨松一家と同じような運命をたどった。

漁船の没収と漁労の禁止

日本軍の真珠湾攻撃によって太平洋戦争が勃発した日の午後三時半（現地時刻）、ポインデクスター準州知事が準州を戒厳令《かいげんれい》下に置くことを布告した。それによって準州の法が停止し、準州政府に代わって軍政部がハワイの行政権、司法権を行使することになった。すると早速、軍政部は「日本人およびその子孫」による漁労や漁船への乗船を禁止した。「国内の治安維持とスパイ、サボタージュ（故意に業務を妨害したり使用者の指揮に従わなかったりすること）を防ぐため」（アメリカ国立公文書館 RG494）というのがその理由であった。こうしてハワイの海からサンパン漁船の姿が消えた。

さらに米海軍第一四海軍区は六五隻の船舶を没収した。その所有者の過半数の名前は日本人、もしくは日系二世市民であった。これらはいずれも二〇馬力から八〇〇馬力のエンジンを搭載しており、海軍はそれぞれの船舶の性能を調べて改良を加え、パトロール船や消防船として使用した。そのほかにも、海軍は一七一隻の中型、小型の漁船を没収した。その多くは五純トン以上の規模で、所有者のほとんどは日本人、もしくは日系二世市民であるが、フィリピン系やポルトガル系の所有者も含まれていた。そして没収された漁船はアラワイ運河やケワロ湾、カラカウア橋の下などの、それぞれ割り当てられた場所に係留された（写真29）。これらの漁船は整備や修復が一切認められなかったため、傷む一方であった。さらに軍政部は、五純トン以下の小型船舶八〇隻だけでなく、プレジャーボートやカヌーなど合計二七八隻も、それぞれの船舶名や所有者の名前、船舶の大きさなどについて詳細な記録を取った。戦時下で細々と漁業をつづけていたのは、これらの小型漁船やカヌー、ボートである。

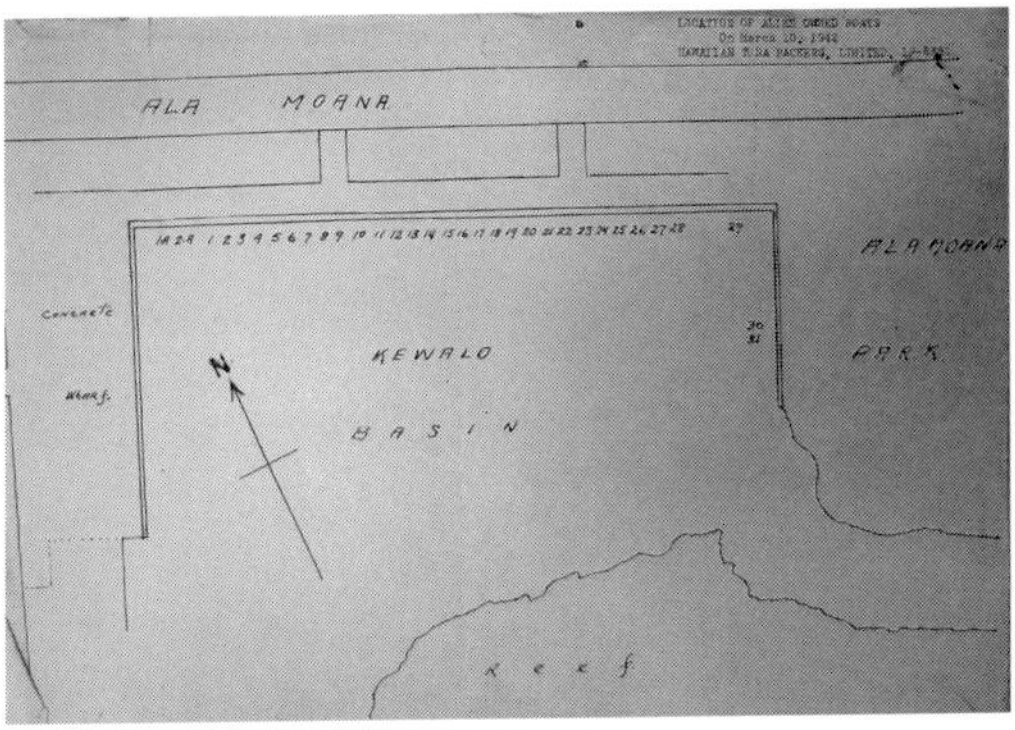

写真29　ケワロ湾の没収漁船係留場所
1942年3月にハワイアンツナパッカーズ社によって作成されたケワロ湾の図。没収された船舶は、それぞれ割り振られた番号の場所に係留された。アメリカ国立公文書館所蔵。

漁船の没収によって所有者は経済的な大打撃を受けただけでなく、生活の基盤を失った。和歌山県出身のクニヨシ・ジェームズ・浅利は天神丸という二万ドルの価値がある漁船を失った。自分の貯金の全額に加えて、友人たちからの援助によって手に入れた船であったが、没収した軍政部からは何の金銭的補償も与えられなかった。仕事を失った浅利は、パイナップル缶詰工場や国防関係の職場などで働いた。

強制収容

浅利のように生業の手段を失っただけでなく、日常生活における自由を奪われた者も多かった。ルーズベルト大統領が署名、発令した大統領令九〇六六号によって、アメリカ本土西海岸では約一二万人の日本人およびその子孫が、無差別に強制収容所送りとなった。ハワイはこの大統領令の範疇《はんちゅう》外であったが、軍政部によって約二〇〇〇人の住人が囚《とら》われの身となった。

開戦時のハワイ全体の人口約四二万七〇〇〇人のうち、日本人移住者とその子孫が約三七％（約一五万七〇〇〇人、うち三万五〇〇〇人が日本国籍者、一二万人以上が日米二重国籍者）を占めていた。ルーズベルト大統領はこれらの日本人、日系市民の強制収容を軍政部に迫ったが、これだけ多くの人々を船で本土の強制収容所まで送り届けることは難しかった。さらに日系住民自体がハワイの経済活動にとって必要不可欠な労働力でもあったため、根こそぎ強制収容してしまうとハワイの経済は立ちゆかなくなる。

そこでハワイの軍政部は、選択的に強制収容を行った。寺院や神社などの聖職者や領事館関係者、日本語学校関係者や、帰米《きべい》と呼ばれる日本育ちの二世市民など、日本人コミュニティにおける指導者や、日本との関係が深い者を次々と逮捕、収容した。これらの人物が中心となってスパイ活動やサボタージュなどの利敵行為を働くおそれがあるとみなしたからである。また漁業や水産関係者の多くも強制収容された。

特筆すべきなのは、これらの対象者が、開戦前の段階ですでに選択され、リスト化されていたことである。さらに開戦後も住民の逮捕、収容が継続的に行われた。日本人コミュニティの指導的立場にあった者に加えて、かつて日本に行ったことがある二世市民など、日本と何らかの関わりを持った者がおもな対象であったが、なかには町の電気屋の主《あるじ》や水道管修理業者、ホテルの従業員や主婦など、そのようなカテゴリーに当てはまらない職業や立場の者も多く含まれていた。

現在のところ推測の域を出ないが、これらの人々は強制収容所の設営や維持、また収容所で働く軍人の身の回りの世話などをさせるために、便宜上「スパイ容疑」をかけられ、収容されたのであろう。また日本人、日系市民のみならずドイツ系やイタリア系、さらには中立を宣言していたノルウェー系住民も収容された。そのため、日本人コミュニティを中心として、ハワイの住民はいつ、いかなる理由で突然、強制収容所送りになるかわからないという恐怖感と隣り合わせの状態で日々を過ごした。

また突然、逮捕され、強制収容所送りになった者の家族の多くは、周囲からスパイの家族として厳しい目を向けられた。なかには生活が立ちゆかなくなる家族もいたため、「自主的」に強制収容所に入る者もいた。

ホノウリウリ強制収容所

オアフ島では開戦当初、移民局の建物が強制収容所として使用された。そして開戦の翌年にはホノルル湾の入口にあるサンドアイランドの、かつて隔離病棟として使用されていた建物が改築され、移民局から収容者が次々とそこに送り込まれてきた。もっともサンドアイランドは海沿いにあるため、もし日本軍が上陸した場合は収容者が「解放」されてしまう。そこで一九四三年に入ると、オアフ島中央部にホノウリウリ強制収容所が急造された（写真30）。やがてここは、移民局やサンドアイランド、さらにハワイ諸島のほかの島からの収容者に加えて、太平洋戦線で捕虜となった者を受け入れるハワイ最大の強制収容施設となり、収容者が最も多かった一九四四年七月末には約七〇〇人（うち戦争捕虜が約五二〇人）がここで過ごした（アメリカ国立公文書館 RG494）。

　ホノウリウリ強制収容所の敷地面積は約一六〇エーカー（〇・六四七五平方キロ）で、その周囲を鉄条網が囲んでいた。内部は日本人男性、日本人女性、白人専用の区域に分かれ、さらに民間人用とは別に戦争捕虜の区域が設けられていた。収容者にはアメリカ陸軍で兵士に

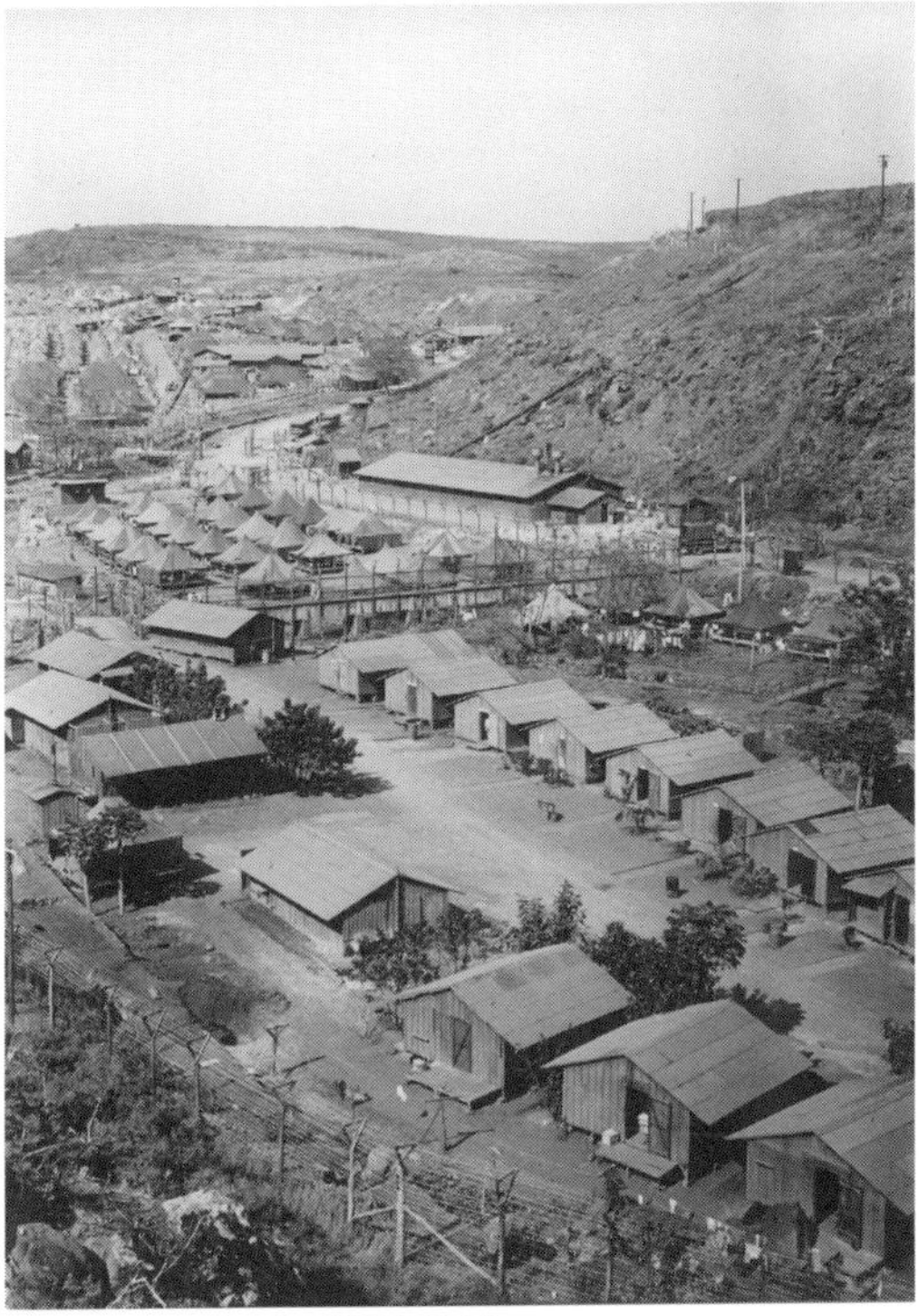

写真30　ホノウリウリ強制収容所
ここにはハワイの日系住民や太平洋戦線の戦争捕虜など、多いときには約700人が収容された。ハワイ日本文化センター所蔵。

提供される食糧と同じものが支給されていたが、米が不足し、自分たちで食べるとうもろこしやトマト、レタス、大根、なす、すいかなどの野菜や果物は自分たちで育てていた。一月に一度、家族や友人の訪問が許されており、時には国際赤十字を通して皇室から薬品や茶、味噌などが届くこともあった。しかしここには診療施設がなかったため、病人が市内の医療施設を受診できるよう、収容者から再三にわたって懇願しなければならなかった。

気温が高いホノウリウリでの生活の過酷さについては、ここが収容者から「地獄谷」と呼ばれていたということから想像がつくであろう。

戦時下の生活

ハワイで強制収容を免れた人々は、強制収容所送りになるかもしれないという恐怖感に加えて、生活のさまざまな場面で多くの制約に直面した。とりわけ日本人、日系市民はカメラ、双眼鏡、短波ラジオの所持が禁止され、それらの所持品は没収された。また外国人登録（指紋採取）が課せられ、日本語新聞の発行も停止された。もっとも一九四二年一月六日以降に、二紙のみが軍政部の検閲を受けるという条件つきで再発行が許された。

ハワイに移住した日本人にとっては母国との戦争である。故郷には親きょうだいがいる。しかし故郷を心配する気持ちを表に出すことは憚《はばか》られた。生活のなかから少しでも「日本的」な要素を取り除くため、女性は着物で表を歩くことをやめ、日本国旗や雛人形《ひなにんぎょう》など、日本から持ってきた品々をみずから破壊した。また日本語学校は閉校となり、公的な場での日本語の使用が禁止されたため、日本語は公の場で使われなくなった。多くの寺院の僧侶や神社の神職が米本土の強制収容所に送られたため、寺社での宗教行事も休止に追い込まれた。街の日本映画館や日本料理屋は閉鎖された。

こうして日本とのつながりを絶つ一方、アメリカの戦争遂行に協力するため、日本人コミュニティは日々の生活の隅々《すみずみ》まで「アメリカ化」を推進した。さらに若い二世市民はアメリカに忠誠を誓うべく軍隊に入隊したり、「大学勝利ボランティア」という活動に参加したりすることで、アメリカの戦争遂行に協力した。とりわけ二世兵士から編成された陸軍の四四二部隊は、ヨーロッパの戦場で多大な犠牲を払いながらも勇敢に戦ったとして「陸軍で最も勲章をもらった部隊」と称えられた。なお、開戦後まもなく一〇人以上の集会が禁止されたが、戦死する兵士の葬儀が増えると規制が緩和された。

引き裂かれた家族

日本海軍が真珠湾を攻撃したときにオアフ島沖で操業していた政ヶ谷与蔵は、米軍機の攻撃のあと、ほどなくして現れたパトロール船にエスコートされてホノルルに戻った。しかし帰宅することは許されず、そのままほかの乗組員たちとともに移民局へ連行された。その後、サンドアイランド強制収容所へと移され、約三週間そこで過ごしたあとに釈放された。それからは製材所で時給一ドル二〇セントという条件で働いたが、その収入は漁業に従事していたころの半分にも満たなかった。

三週間で釈放された政ヶ谷と異なり、貴多勝吉は戦時中を通してハワイおよび米本土の強制収容所で過ごした。真珠湾攻撃の日、貴多はオアフ島沖で漁労に従事していたが、ケワロ湾に戻ったところ、ただちに逮捕され、移民局、つづいてサンドアイランド、そして本土の強制収容所へと送り込まれた。逮捕当初、貴多には妻と三人の幼い子どもがいたが、ハワイ島出身で日系二世の妻、ヤスエは、苦労しながら家庭と家業である雑貨店を一人で守ることを余儀なくされた。

大谷松治郎もまた強制収容された。一二月七日の早朝（現地時間）、大谷は、自身が所有するアアラマーケットの開業を祝うパーティーの準備に忙しく立ち回っていた。この商業施設は鮮魚や野菜などを扱う六〇以上の店舗を抱え、当時ハワイ最大規模を誇っていた（写真31）。そのオーナーである大谷や数百人の出席者の頭上を、日の丸をつけた日本の戦闘機が真珠湾の方向に飛び去っていった。やがて日米の開戦を知った人々は大混乱に陥った。大谷は様子を見に真珠湾方向へ車を走らせたものの、途中で通行をとめられたため、やむなく帰宅した。

写真31 真珠湾攻撃当日のアアラマーケット
新装開店となったアアラマーケットの前に誇らしげに立つ大谷松治郎、カネ夫妻。２人の姿の下にDecember 7th 1941の日付が書き込まれている。大谷明所蔵。

その後まもなく、自宅に押し入ってきたFBI捜査官と兵士らによって銃口を突きつけられた。当時一三歳だった大谷家の末っ子エヴィリンは、「まるで胃が口まで上がってくるような」（大谷、二〇〇七）強い緊張感を覚えたが、なすすべもなかった。妻のカネは、連行されていく夫に、せめて着物を着せて靴を履《は》かせる時間をくれと懇願したが許されなかった。そこでカネは夫を乗せて走り去ろうとする車の窓から靴を投げ入れた。

やがて移民局に連行された大谷が目にしたのは、すし詰め状態で一枚のマットに三、四人が横たわった光景であった。突然の日米開戦、そして逮捕、監禁によって、大谷らははげしい混乱と絶望を感じ、なかには手首を切って自殺を図る者もいたほどであった。年が

写真32　サンタフェ強制収容所記念碑

戦時中、サンタフェ強制収容所には大谷松治郎をはじめ、ハワイから移動させられた人々が一時的に収容された。現在は近くの公園のかたすみに記念碑が立っている。写真の奥に広がる住宅地にかつて収容所の建物が並んでいた。筆者撮影。

明けると、大谷を含む収容者の多くがサンドアイランド強制収容所へ移された。六月二〇日に、翌日には家族と会わせてやると言われて喜んだ大谷やほかの収容者たちは、髭《ひげ》を剃って面会に備えたが、翌日になっても家族が現れることはなく、代わりに伝えられたのは米本土の強制収容所への移動であった。深く失望したものの、その決定を受け止めざるをえなかった大谷らは、その日の晩、大きな汽船に乗せられてサンフランシスコへと向かった。船上で大谷は和歌山船団の清水松太郎と再会した。

上陸後、米本土のニューメキシコ州ローズバーグやサンタフェの強制収容所に移された大谷は、貴多勝吉ら顔なじみの漁民と一緒になった（写真32）。家族や近所の住民と一緒に強制収容された本土の日本人、日系市民と異なり、ハワイからの収容者の多くは単身であった。そのため大谷は、貴多や清水などの知り合いと互いに助け合いながら過ごした。また何よりの慰《なぐさ》めとなったのは、妻のカネが時折ハワイから送ってくる金銭や食料品、衣服の差し入れや、米陸軍に入隊した息子が強制収容所を訪ねてくることであった。

日本に取り残された日系二世女性の苦悩

強制収容所で仕事仲間とともに過ごし、妻からの差し入れや息子との面会を通して家族とのつながりを保っていた大谷松治郎と異なり、清水松太郎は日本に戻ったまま足どめとなった静枝とまったく連絡が取れなくなっていた。開戦前、ハワイ生まれで日本語が不自由な清水の息子が眼病にかかったため、松太郎は静枝に、息子を連れて大阪の病院へ連れて行くよう頼んだ。そこで静枝は継弟を連れて大阪を訪れ、無事治療が済むとハワイへ戻った。そして和歌山県西牟婁郡田辺町（現田辺市）に住む親族から手伝いに来るよう頼まれると、今度は静枝だけが来日した。その後まもなく日米で戦争がはじまったため、アメリカの市民権を持っていた静枝は、日米の狭間《はざま》で苦しい立場に追い込まれた。とりわけ親戚からの意地悪はこたえた。

　血のつながりのあるおばは、自分をまるで敵のようにいじめてきた。なぜなのかは知らない。いつも馬鹿にしたような態度。自分がハワイ生まれで小さいときから知っているわけではないから、いじめられるのかも（清水、二〇〇八）。

静枝は精神的なイジメに加えて、天災にも苦しめられた。一九四四年に紀伊半島東部沖を震源地とする（昭和）東南海地震と、それによって引き起こされた津波が静枝の住む街を襲った。しかしハワイからの送金が途絶えていたうえに親族が支援を拒否したため、静枝は着物やハワイから持参したシンガーミシンを売って、家屋を修理しなければならなかった。それに加えてアメリカ国籍を持っているということで、静枝は近所から疑いの目をかけられ、時には食糧の配給をやらぬと言われることもあった。食糧の確保のための静枝の闘いは、松太郎の親族である清水久男と結婚したあともつづいた。結婚後、まもなく二人の息子が生まれたが、「米もなくて栄養不良で、次男が生まれたとき、乳が出なかった。次男は乳をひっぱりながら朝まで泣くの。ひもじい思いをさせた」（前掲）のが何よりもつらかった。

　数々の困難にもかかわらず、静枝は周囲の人々に対して心を閉ざすことはなかった。自分の母乳が出たときには、栄養失調のために母乳が出ない母親に代わって近所の赤ん坊四、五人に授乳をしたこともあった。和歌山県の田舎では住民みなが食糧不足に苦しんでいたのである。

ただ一人、いとこのおばあさんは良くしてくれたよ。そのおばあさんの夫は、かつて竹中の父（静枝の実父）の招きでハワイに来たの。自分が最初に帰国するより前に日本に戻っていた。三七年頃かな。だから自分を小さいときから知っている（前掲）。

この静枝の言葉が示すように、困難な時に静枝を支えたのは、かつてカカアコの漁村に住んでいた、古くからの知り合いや親戚たちであった。そのような人々の温かさが静枝を支えたとはいえ、戦時中の困難な思い出は、戦後六〇年以上を経ても消えることはなかった。

いい話じゃないから話したくない。とにかくさびしい思いをした。こういう話は（ハワイの人は）あまり知らないよ。あまりいい話じゃないから、日本の人はよく思わないでしょう（前掲）。

静枝は息を引き取るまで、戦時中の体験について、親族を含め、他人に話すことは、ほとんどなかった。彼女の沈黙は、かえって彼女が日本で受けた扱いの過酷さを雄弁《ゆうべん》に物語っていよう。と同時に静枝の言葉は、日米開戦のために日本に足どめされた多くの日系二世の苦悩が、日本人の戦争体験からすっぽりと抜け落ちているだけでなく、ハワイの人々に共有されている戦時中の記憶からも疎外《そがい》されている事実を伝えている。日系兵士の戦争への参加体験などを中心とする男性中心的な語りのなかで、静枝のような体験談は、ほとんど語られないまま今日に至っている。

しかし開戦当時、彼女のように日本に滞在していた二世は二〇〇〇人以上いたと考えられる。かつて多くの住民をハワイに送り込んだ広島湾岸地域では、日本で学校教育を受けるなど、さまざまな理由から多くの二世が居住していた。少なからぬ二世が原爆によって命を落としたが、その正確な人数は現在でも把握できていない。さらに沖縄でも、ハワイで生まれ、沖縄の県立第一高等女学校と東京女子高等師範学校を卒業したのち、教師として沖縄の母校に帰任していた二世の親泊《おやどまり》千代子《ちよこ》が、「ひめゆり部隊」の一員として生涯を閉じている。このように、二つの祖国の狭間で過酷な運命を強いられた二世たちの存在に清水静枝が気づき、やがてその人々との連帯感を強め、沈黙を破って立ち上がるためには、戦争の終結を待たなければならなかった。

戒厳令下の水産行政

サンパン漁船を繰る日本人漁民の姿が、ハワイ近海から消えたことによる影響は極めて深刻であった。開戦翌年の一九四二年におけるハワイの遠洋漁業の水揚げ量は、前年の約六一〇〇トンのわずか一%にあたる約六五トンまで激減した（Iwashita, 5）。しかしハワイでは日系、ポルトガル系、フィリピン系やハワイ人など、魚を好む住民が多かったため、米本土から魚介類の缶詰や冷凍品などをすみやかに輸入して需要に応える必要があった。

戒厳令下のハワイでは、軍政部が軍人のみならず一般市民の生活に関する行政も担ったが、軍政部は水産業の事情をよくわかっておらず、有効な政策を打ち出すことができなかった。さらに、米本土との間の物資の輸送が厳しく制約されたこともあって、ハワイの水産物供給量は激減していた。そこで動いたのがハワイアンツナパッカーズ社である。専属のカツオ漁船を海軍に没収された同社は、ツナ缶詰工場を軍需産業用に転化して、製造ラインで航空機のガスタンクの製造などを行っていた。その一方で真珠湾攻撃からわずか九日後に軍政知事へ手紙を送り、小型漁船でも可能で、熟練の日本人漁民がいなくても操業できる小規模なタイプの漁業の再開を促したのである。この案に概《おおむ》ね賛同した軍政部は、ハワイアンツナパッカーズ社を、漁業ならびに水産物流通関連の業務を扱う漁業コーディネーターに任命した。

一九四二年三月になると、同社は、禁止されていた「日本人およびその子孫」もカツオ漁に参加させることを軍政部に提案した。スパイ行為を働くかもしれないという疑念に対しては、軍のパトロール船を同伴させて操業中に漁船を監視させるといった案を出したが、軍政知事はこの提案を拒否した。一九四二年一一月に軍政部が改編されると、それに乗じてハワイアンツナパッカーズ社は漁業コーディネーターの任務を解かれた。これは日本人漁業の復活を求める同社に対する牽制でもあろう。

しかしハワイアンツナパッカーズ社に代わってコーディネーターに任命されたフランク・H・ウェストの要望で、同社は引きつづき軍政部の水産行政に携わることになった。ウェストは砂糖キビ産業の専門家で漁業関連の事情に疎《うと》く、ハワイアンツナパッカーズ社の仕事ぶりを高く評価していたのである。またオアフ島以外でも、マウイ島中央部、西部、ハワイ島東部、西部、カウアイ島にそれぞれ一人ずつ副コーディネーターが任命された。この任に就いたのは、いずれも牧場経営者や電気関連会社の社員など、直接漁業と無関係な業界の白人男性ばかりであった。日本人の血を引く者は、そもそも最初から候補にすら挙がらなかった（HWRD, Reel 5）。

こうした軍政部による民間人スタッフの補充によって対策を強化したにもかかわらず、一九四三年一月時点において、鮮魚の水揚げ量は戦前の一〇％にとどまっていた。この間、軍関係者の流入などによって、ハワイの人口は約一〇％から一五％も増加していた（HWRD, Reel 16）。そこで地元の食糧生産の拡大を図る軍政部は、日本人の血を引かずアメリカと交戦中でない国家の国籍を持つ外国人漁民や、日系以外の市民の漁労を許可した。しかし操業時間帯や漁労海域が厳しく制限されていたため、漁獲高は伸びなかった。軍政部で水産関係事業を担当する食糧生産事務所のウォルター・F・ディリンハム所長は、「ジャップ《ママ》を公海上から閉め出す必要がある以上、戦前の漁獲高を百％回復することは困難」（HWRD, Reel 10）との見解を示していた。この言葉は、軍政部高官に巣食う日本人に対する露骨な人種差別意識と同時に、ハワイの漁業における日本人の存在の大きさをも裏づけている。

　ホノルル以外でも、マウイ島西部担当の漁業副コーディネーター、デビッド・フレミングが、より安定的な漁獲物の獲得のためには、カツオ漁の再開と日本人の動員が必要であると上層部に訴えた。フレミングは、海軍に没収されていたマウイ島の大型カツオ漁船、アイランダーを漁場に戻すよう求めたのである。当時のハワイで操業するサンパン漁船のなかでも最大である二〇〇馬力のエンジンを備えたアイランダーは、マウイ島における日本人漁業の発展と密接な関係を持つ漁船であった。島在住の日本人漁民、鮮魚仲買人や行商人が一九四一年にアイランダー漁業会社を設立するにあたって、ハワイアンツナパッカーズ社から購入したのがこの漁船であり、会社のシンボルでもあった。アイランダー漁業会社の関係者を知り合いに持つフレミングが、この船によるカツオ漁の再開なしにマウイ島の魚介類不足の解消はない、と考えたのは、至極《しごく》当然であった（HWRD, Reel 5）。

漁業の再開へ向けて

一九四三年三月一〇日にハワイ準州の文民統制の一部が復活すると、地元住民の間から漁業制限の撤廃を求める要望が次々と出はじめた。戦前からカヌーなどを使って自給自足的な漁労を行っていたハワイ人などにとって、目の前に豊富な海の幸があるにもかかわらず、米本土から輸入された缶詰に頼らなければならない現状は耐えがたかった。そのうえ、地元で食糧を生産することが戦争協力にもつながるという声を無視できなくなった軍政部は、少しずつ漁業可能海域を拡大した。また一九四三年七月以降になると、海軍が没収した漁船を持ち主に返却する準備を開始した。

一九四四年一〇月二四日に戒厳令が解除されると、ハワイにおける文民統制が完全に復活した。しかし海は引きつづき海軍の管理下に置かれたため、漁業規制の解除や漁船の返却はすみやかに行われなかった。操業時間帯や漁業禁止海域がほぼ消滅し、さらに船長としての操業は不許可とされたものの、身分証の携帯を条件として「日本人およびその子孫」の漁労が許可されたのは一九四五年七月、まさに終戦まであと一か月という時期であった。

戦争の終結

約四年間に渡ってハワイの海を縛《しば》ってきたさまざまな漁業規制が解除されたあと、ただちに日本人漁民が海へ戻ったわけではなかった。和歌山県出身の小峰平助は当時のことを次のように振り返っている。

乗っとった船もみな没収されてしまった、海軍の方へね。戦争が済んでから買い戻されるんじゃが…待っとった人に最初に権利がある。といっても船が痛んでしもうてね。もう…アカンとこなかったが、修繕せなならんかった。四年間も海軍が使った後やからな…（清水、一九九三、二一頁）。

Ｉで触れたように、かつて不法移民としてハワイへやってきた小峰は、やがて自分の漁船を持つ船長となり、一九四一年にマウイ東部在住の日本人漁民が漁業組合を設立すると、その会長に就任した。

こうして一歩一歩、社会的地位を築いてきた小峰であったが、戦争がはじまると、ただちにＦＢＩに逮捕された。八か月後に釈放されたと本人は語っているが、ホノウリウリ強制収容所の記録によると、小峰は一九四三年六月八日にそこへ送り込まれ、同年一一月三日に移民局に移送されたあと、釈放されており、約五か月間の強制収容であった（アメリカ国立公文書館 RG494）。その間に所有する漁船は没収されてしまった。戦後に漁船が戻ってきたものの、戦時中に体験した苦しみに加えて高齢となっていたこともあり、小峰は傷んだ漁船を修理して再び海に出ることをあきらめた。やがて故郷の和歌山県に戻った小峰は、そこで余生を過ごした。

戦争がハワイの水産業に与えた影響の大きさは計り知れなかった。漁業がほぼ壊滅し、魚価を軍政部が統制したことによって機能を失ったホノルルの魚市場は、戦時中から戦後二年の間にすべて倒産した。また魚介類供給の激減によって、多くの仲買人や小売商は仕事を失ったが、なかには商売をつづけるべく尽力した者もいた。大谷商会では、松治郎という大黒柱を失ったあとも、長男の治郎一らが家業を守るべく奮闘していた。そのかたわら治郎一は、父の釈放を求めて、ホワイトハウスのエリノール・ルーズベルト大統領夫人に父の無罪を訴える書簡を送るなど、さまざまな方面の関係者に働きかけつづけていた（アメリカ国立公文書館 RG389）。

またハワイにおける日本人漁業のもう一つの重要な拠点であったハワイ島ヒロでは、軍政部がスイサン株式会社を接収し、その社屋や冷蔵庫を軍事目的に使用した。そして社長の松野亀蔵は、島内に設置されたキラウエアミリタリーキャンプに収容された。息子のレックスは「ハワイ島では、父が大谷松治郎のように本土の強制収容所に送り込まれなかっただけ、ホノルルより状況はましであった」と語るものの（松野 二〇〇八）、スイサン株式会社は一時的に休業を余儀なくされた。しかしまもなく、ハワイ人やポルトガル系の漁民が少量ながら鮮魚を会社に持ち込むようになったため、新たに魚市場を設けて商売を再開した。戦前は日本人漁民の存在の陰に隠れがちであったこれらの漁民への感謝の気持ちを、レックスは次のように語っている。

特にマナリリという、ミロリイ（島の南西にある孤立した漁村）からわざわざ魚を持ってきてくれる人物がいた。彼のような人をはじめ、ひいきにしてくれるお客さんがいなければスイサンは生き残ることができなかっただろう（*Hawai'i Herald*, August 1, 2008）。

このようなハワイ人漁民らの献身的な協力や、昔からのひいき客のおかげで、スイサン株式会社は、ごくわずかな社員だけで暗黒の時代を何とか生きのびたのであった（写真33）。

写真33　スイサン株式会社
1907年の創設以来、会社の社屋は何度も津波にのまれてきたが、手前の大きな木は生きのびて今日に至っている。スイサン株式会社所蔵。

戦争の爪痕

日本時間の一九四五年八月一五日に終結した太平洋戦争は、ハワイの日本の海の民の生活に大きな爪痕《つめあと》を残した。戦前を振り返って「昔はまるで夢のようだった。（中略）漁船から太平洋を見渡す限りカツオが埋め尽くし、まるで釣り上げられるのを待っているかのようだった」

と語る貴多勝吉は、「第二次世界大戦はハワイの日本人によるカツオ漁の衰退に甚大な影響を与えた。カカアコの漁村が消えたのはその一例である」（『布哇報知』一九七三年六月五日）と語っている。貴多が言うように、ケワロ湾を拠点に活動していた漁船が消えたことによって失業し、隣接するカカアコに住みつづける必要性がなくなった住民は、そこを出て陸の仕事に就いた。そのほかにも、海の近くに居住していた人々が国防上の理由から転居を迫られたため、海沿いにあった多くの漁村の人口もまた流失したのであった。

こうして太平洋戦争は、ハワイにおいて、砂糖キビ、パイナップル生産に次ぐ第三の規模ともいわれた水産業を壊滅状態に追い込んだ。サンパン漁船は没収され、多くの漁民は強制収容された。住民に魚介類を提供していた漁業会社は倒産し、海の民の多くは不慣《ふな》れな陸の仕事に就いた。

しかしその一方で、歴代の準州知事や連邦議会代議士をはじめとする準州政府関係者が、一貫して日本人漁業を保護する立場から、サンパン漁船の排除を要求する米海軍やルーズベルト大統領に対抗したことは特筆に値する。また日本人とも関係の深いハワイアンツナパッカーズ社は、開戦直後から軍政部による水産行政の中枢部に入り込んで水産業を守ろうとしただけでなく、日本人漁業の復活に向けて尽力した。ハワイとワシントンとの間で、なぜこのように日本人漁業への認識が大きく異なったのか。その答えの一つは、日本人漁民が地元住民にとって貴重な蛋白源である魚介類の提供者であることを、ハワイ側は遠く離れたワシントンの関係者よりも強く認識していたためであろう。またハワイで興隆した国際協調主義と、それによって活発化した日本との交流も、ワシントンと異なる見解の形成につながったと考えられる。そもそもマイノリティである日本人移民が、ある地域の産業の主たる担い手となり、それをマジョリティである地元白人政財界が守ろうとしつづけた例は、アメリカ史においても珍しいのではないか。

しかし日本人だけではハワイの漁業を守ることができなかったこともまた、事実である。戦時中の厳しい制約のもとで、カヌーなどの小型漁船を繰って漁労をつづけ、たとえわずかな量であっても地元の消費者に鮮魚を届けたハワイ人やフィリピン、ポルトガル系の漁民の貢献も忘れてはならないだろう。

このような個人や組織によって、崩壊からからくも守られたハワイの漁業は、戦火が収まると少しずつ戦後の復旧、そして復興へと向かいはじめる。Ⅴでは、再びハワイの日本の海の民が立ち上がり、水産業を発展させていく様子について詳述する。

コラム　ハワイの強制収容所

　太平洋戦争中、ハワイ諸島各地に強制収容所が存在したことを、一体どれだけの日本人が知っているだろうか。実はこのことは、ハワイの人々にとっても長い間知られざる真実、もしくは黙殺されてきたできごとであった。一九九八年にナチスドイツの強制収容所を扱った映画、「シンドラーのリスト」（一九九三年）がホノルルのテレビ番組で放映された際、テレビ局が市内のハワイ日本文化センターに、ハワイの強制収容所について問い合わせた。このことがきっかけとなり、同センターが中心となって資料収集や収容者の体験談の記録化をはじめたのが、そもそもハワイにおける大がかりな強制収容所の調査、研究の発端である。

　二〇〇六年にはハワイ日本文化センターと文化人類学者によって、強制収容所跡地の発掘

写真34　ホノウリウリ強制収容所
収容者の様子が見える。この強制収容所は男女や捕虜とそれ以外の収容者、国籍などによって居住区間が分かれていた。また親と一緒に収容された子どもも暮らしていた。ハワイ日本文化センター所蔵。

調査が行われた。その結果、戦時中、ハワイ各地八か所（一時的に使用された建物も含めればそれ以上にのぼる）に強制収容施設が設けられていたことが明らかになった。その内訳は、カウアイ島ワイルア郡刑務所、カラヘオ営倉《えいそう》（軍の懲罰房《ちょうばつぼう》）、マウイ島ワイルク郡刑務所、ハイクキャンプ、ハワイ島キラウエアミリタリーキャンプ、オアフ島移民局、サンドアイランド強制収容所、そして最大規模であったホノウリウリ強制収容所である（写真34）。これらは、現在もマウイコミュニティ矯正センターとして使用されているワイルク郡刑務所を除いて、戦後、長らく放置されたままジャングルに覆われたり、宅地開発が行われたりするなど、いずれも大きく破損された状態で、なかには正確な所在地すら確認困難なものもあった。

壊れるまま放置された遺構が物語るように、ハワイにおける強制収容の歴史は、ハワイの戦争体験のなかでむしろ「例外的」とみなされ、人々はこれまで、あえて積極的に語ろうとしてこなかった。私はハワイにおける強制収容について、二〇一二年に立命館大学土曜講座にてお話したことがある。その講演内容をまとめた小稿の副題に「消された過去を追って」とつけたのは、ハワイの人々、とりわけ強制収容された人々やその家族が強いられた「沈黙」のなかに、ハワイならではの事情の複雑さと、戦争がハワイの人々の心のなかに残した傷の深さを感じたからである（拙稿、二〇一三年）。

しかし今日、そのような「沈黙」にも変化が訪れている。前述のハワイ日本文化センターに加え、ホノウリウリのすぐ近くに位置するハワイ大学ウェストオアフ校の教授陣が中心となって、さまざまな角度からハワイにおける強制収容の実態を解き明かす、意欲的な研究が行われるなど（Falgout and Nishigaya, 2014）、学術的な研究も少しずつ厚みを増している。それに呼応するかのように、二〇一五年にはホノウリウリ強制収容所跡が国定史跡に認定された。またハワイ日本文化センターが丹念に調べ上げたデータベースの公開によって、ハワイで強制収容された人々の名前や居住地、職業などを簡単に調べることができるようになった。

さらに、二〇一七年からワシントンの国立アメリカ歴史博物館で開催されていた特別展示、「Righting a Wrong, Japanese Americans and World War II（悪を正す、日系アメリカ人と第二次世界大戦）」では、米本土のものに加えて、ハワイにおける強制収容に関する展示も「Hawaii Stories（ハワイの物語）」として組み込まれた。この展示は好評を博し、当初の予定を超えて二〇一九年まで展示期間が延長されたあと、四年間かけてアメリカ各地を巡回する予定である。もはやハワイにおける強制収容の歴史は、「消された過去」ではなくなったのである。

このように、研究者や市民の間で、ハワイの強制収容所への関心は高まっているが、ホノウリウリ強制収容所跡地は現在も整備が進んでおらず、二〇一九年四月の段階ではまだ一般公開されていない。ハワイ日本文化センターが月に二回ほどホノウリウリを訪問するツアーを組んでいるが、いつも希望者がいっぱいで、滞在期間の短い日本からの訪問者は参加することが難しい。

ホノウリウリ強制収容所跡のすぐそばには、日本人観光客もよく訪れるワイケレアウトレットモールがある。しかしその喧噪《けんそう》のすぐ近くに、かつて強制収容所があったことを知る観光客は稀だろう。ここでの生活の様子については、Ⅳでも触れたように、少しずつ明らかになってきている。しかし、ここに収容されていた人々が、どのような思いを抱えながら過ごしていたのかなど、詳細については不明な点だらけである。なにせハワイにおける強制収容に関する本格的な研究は、まだはじまったばかりなのである。

Ⅴ　ハワイの海の戦後

漁業の復興

父が強制収容所から戻ってくるというので、私たちは（ホノルル港の）三五番桟橋に行った。父が到着したとき、母は「これがお父さんよ」と言いながら私を押した。父は私のことが分からなかった。姉は泣き出した（貴多、二〇〇八）。

米本土の強制収容所から戻ってきた父、貴多勝吉をホノルル港で出迎えた息子のドナルドは、真珠湾攻撃当時、二歳であった。父の記憶を持たないドナルドにとって、浅黒く日焼けし、疲れきった表情を浮かべて目の前に現れた勝吉は「他人だった」（前掲）。戦争によって引き裂かれた家族の修復は容易ではなかった。ハワイへ戻った勝吉は再び漁業をはじめよう

写真35　貴多一家
写真前列中央の貴多勝吉は父、鶴松とともに南紀からやってきて以来、ハワイの紀州船団の重鎮としての役割を果たしてきた。戦後は妻（写真前列左端）のヤスエとともに漁具店を経営した。後列左側が長女のタカコ、右側が長男のドナルドである。布哇和歌山県人会編『復活十五周年記念誌』73頁。

としたが、戦時中、妻のヤスエが女手一つで雑貨店を切り盛りしながら三人の幼い子どもたちを育てた苦労を思いやり、海へ戻ることをあきらめた。そして雑貨店を漁具店に衣替えし、勝吉はその店の主として戦後を過ごしたのである（写真35）。

その一方で、戦時中の漁業規制によって海が魚であふれかえり、長らく鮮魚を口にすることができなかった消費者の需要も高いはずだと見込んで海に戻る漁民も少なくなかった。カツオの水揚げが増えるにつれ、ハワイアンツナパッカーズ社がツナ缶詰製造を再開させ、蒲鉾などの水産加工品を造る小さな製造工場も次々に誕生した。

漁獲物流通の要であるホノルルの漁業会社は、戦時中や終戦直後にすべて倒産してしまった。本土の強制収容所から戻ってきた大谷松治郎が中心となって、一九四七年に共同漁業が設立されたがうまくいかず、やがて会社は解散した。そこで一九五二年に大谷がユナイテッド漁業を創設し、一九五一年に設立されたキング漁業（一九六八年廃業）とあわせて、オアフ島ではこの二つの漁業会社で鮮魚のセリが行われた。

戦前はホノルルをしのぐほどの賑《にぎ》わいをみせていたハワイ島ヒロの漁業再開は、困難を極めた。戦時中の中断に加えて、戦後まもない一九四六年にヒロを襲った津波による犠牲者は一五九人にのぼり、ヒロ湾に面したワイアケア地区の漁船や民家、商業施設などにも甚大な被害が生じたからである。しかしヒロで戦時中の動乱を生き抜いたスイサン株式会社が水産業のインフラの復興に力を注いで、軍隊などから戻ってくる多くの若者に就労の機会を与えた。このような関係者の尽力もあって、一九四〇年代後半に入るとハワイ全体で漁船船団が著しく拡大した。戦時中に没収されていた大型漁船が戻ってきただけでなく、最新の設備を備えた漁船も次々に新造された。

俊鶻丸の来航と「こんぴらさん」の復興

戦時中、ハワイに住む日本人は故郷への思いを封印した。そうしなければならなかった。しかし戦争が終わると、まるで堰《せき》を切ったかのように、日本文化への回帰がはじまった。営業を再開した日本映画館や日本料理屋には客が押し寄せ、世代に関係なく日本の歌が人気を博した。

日本とハワイの関係の復活は、海の世界も同様であった。一九五三年二月六日に下関市の

写真36　歓迎相撲大会
ハワイを訪れた下関市の水産講習所練習船俊鶻丸の学生を招いて、ハワイ金刀比羅神社境内で歓迎相撲大会が開催された。早川陽三郎所蔵。

水産講習所（のちの国立研究開発法人水産研究・教育機構　水産大学校）の練習船、俊鶻丸《しゅんこつまる》（五八八トン）が八七名の学生と乗務員を乗せてホノルル港七番桟橋に着岸すると、ハワイの日本人コミュニティから大歓迎を受けた。学生や乗組員の名前や出身地、滞在中のスケジュールの詳細が地元日本語紙に連日掲載され、一行が行く所々にハワイに住む親族や同郷の者が押し寄せた。

また俊鶻丸の学生たちは、ハワイ金刀比羅神社の境内の土俵で開催された歓迎相撲大会に招待され、現地の若者と相撲を取った（写真36）。食糧事情の乏しい日本からやってきた学生は、体格の良いハワイの若者との取り組みで勝負にならず、土俵の上で「吹っ飛ばされた」（田川、二〇〇九）が、約二〇〇〇人の観客は大きな拍手を送った。ホノルルの次に立ち寄ったハワイ島ヒロでも、一行は同じような大歓迎を受けた。一八九八年に創建されたヒロ大神宮境内での歓迎相撲大会には、大勢の住人が詰めかけて喝采《かっさい》を送った。

このような、ホノルルやヒロの日本人コミュニティが俊鶻丸にみせた歓待ぶりは、日本との精神的な結びつきの表明でもあった。当時、学生として俊鶻丸に乗り込んでいた田川英生《たがわひでお》は、船がいよいよ日本へ向けてヒロを出航するときに起きたできごとについて、次のように語っている。

俊鶻丸が今にも出航するという時に、年を取った一世の女性が国旗を拝ませてくれといって船に乗ってきました。しばらくすると目に涙をためて私を日本に連れて行ってくれと頼み始めたのです。私たちが何度も何度も、またすぐ戻ってきますからと繰り返すと、しぶしぶ船を下りていきました。そのせいで出航が遅れたのですが、そのおばあさんを置いて日本に出発するのは何とも辛いものでした（前掲）。

このエピソードから、一世たちの深い郷愁の念が伝わってくる。

ハワイ金刀比羅神社は戦時中、宮司が強制収容されたのち日本に強制送還され、一連の宗教行事も中断させられた。戦後になっても、神道が日本の帝国主義の精神的支柱として機能したとみなすアメリカ連邦政府によって、一九四八年六月に土地と建物が「敵性財産」として没収され、オークションにかけられた。消滅の危機に瀕《ひん》した「こんぴらさん」を守るために立ち上がったのが、「メンバー」と呼ばれる氏子《うじこ》たちである。その多くが漁民やその家族から成るメンバーたちは、神社を取り戻すため、連邦政府司法長官を相手取って訴訟を起こした。約三年間にも及ぶ裁判の末、メンバー側が勝訴したが、このような、国家を相手に闘

写真37　ヒロ大神宮
ホノルルにつづいてハワイ島ヒロに入港した水産講習所練習船俊鶻丸は、ヒロ大神宮でも相撲大会に招待された。その後、津波によって社殿が全壊したが、高台に移転して現在に至っている。長谷川葵撮影。

うという大きな財政的、心理的負担を支えたのは、一九四〇年代後半に急速に復興、拡大した漁業の興隆であり、そして何よりも、「こんぴらさん」を心の拠り所にしてきた漁村の人々の篤《あつ》い信仰心であった。

　ハワイ島のヒロ大神宮をはじめ、ハワイ諸島各地にあったほかの神社も戦後に資産を没収されたが、ハワイ金刀比羅神社の前例にならって起こした訴訟に勝ち、土地や建物を次々に取り戻した（写真37）。俊鶻丸の学生たちを受け入れた土俵には、このような人々の努力や思いが存分に詰まっていたのである。

清水静枝の市民権回復

　俊鶻丸を迎えた同じ年に、ホノルル市内の造船所では紀南丸の進水式が行われた。全長約一八メートル、幅約四・六メートルのこのマグロ延縄漁船の主は、和歌山県西牟婁郡田辺町

写真38　紀南丸
紀南丸の進水式。船主にレイをかけた紀南丸の前に並ぶ列の左から２人目が大谷松治郎、４人目が船大工の船井清一、５人目が清水松太郎、右端が清水ハル。このなかに静枝の姿はない。船井テルオ所蔵。

（現田辺市）出身の清水松太郎である。戦時中、大谷松治郎と同じ米本土の強制収容所に収容されていた松太郎は、収容所内で重い心臓病を患《わずら》った大谷をつきっきりで看病した。その松太郎に対して恩を感じた大谷は、戦後、松太郎の再出発を支えた。紀南丸の進水式の様子を写した記念写真には、松太郎とその妻ハル、二人の息子たち、船大工の船井清一、大谷松治郎、そして造船所オーナーの白人男性が、大きなレイを船首に掲げた紀南丸の前に誇らしげに立っている（写真38）。しかし清水家の大切な一員であるはずの静枝の姿はない。このころ、静枝はまだ日本に足どめされていたのである。

日米を引き裂いた戦争が終結したあとも、静枝の苦しみはつづいていた。一九四七年に行われた総選挙で、「選挙に参加しないと（食糧の）配給をやらない」（清水静枝、二〇〇八）と当局から迫られて、仕方なく投票した静枝は、まもなく米国務省によってアメリカ市民権を剥奪《はくだつ》された。その後、夫と二人の息子とともに日本に永住する覚悟を決めた静枝は、ハワイのことを忘れようと努めた。

そのような静枝に対し、ハワイにいる継父、松太郎は、自分が日本の親族を手伝うように頼んだせいで、静枝が日本で苦労を強いられていると強い責任を感じていた。戦後、日本は連合国総司令部（GHQ／SCAP）の占領下に置かれ、日本とハワイの間を一般人が自由に行き来することは非常に難しかった。しかしサンフランシスコ平和条約（一九五一年調印、翌年発効）によって日本が再び主権を回復すると、日本からハワイへ戻ったマウイ島生まれの二世弁護士、三保克郎《みほかつろう》が、ロサンゼルスのA・L・ウィリン弁護士と組んで、アメリカ市民権を奪われた二世のために、ホノルルの連邦裁判所で訴訟を起こす準備をはじめた。

日米開戦のために日本に足どめされた挙句《あげく》、国政選挙での投票や、日本軍への入隊、日本政府関係の仕事への就労といった理由で市民権を奪われた二世を救うために、この二人の弁護士が中心となって動いたのである。それを知った松太郎は、日本にいる静枝に手紙を書い

写真39　清水久男、静枝夫妻
晩年の夫妻の姿。筆者撮影。

てハワイへ戻って裁判に参加するよう、説得した。
ほかにも同じような立場の人たちがいて、市民権回復の裁判がはじまるから来いと言われたの。お前は英語ができるから、ほかの人は英語が片言《かたこと》だから、三保さんという、もう亡くなった弁護士が、あんたが出て話しなさいと（言った）。私が日本でつらい思いをしたからハワイに戻れば今度は子どもたちが同じような思いをする、と思ったの。でもおじさん（松太郎）の説得でハワイへ戻った。ほかにも同じような立場の人たちがいるから、と言われた（前掲）。

松太郎の情熱に心を動かされ、ほかの二世市民のために立ち上がることを決意した静枝は、夫と幼い二人の息子を和歌山県に残して一人、ハワイへ戻った（写真39）。そして裁判では、日本での生活の様子や戦時中にどのような扱いを受けたか、食糧の配給がどのように行われていたのか、などについて聞かれた。これらの質問に対して、静枝は「長いこと日本にいたので、（法廷では）英語がなかなか出てこなかった。だから片言で答えた」（前掲）。

この裁判の結果、静枝ほか八人の二世の市民権回復が認められた。裁判が終わったあと、「白人の本土から来た弁護士（ウィリン）が、帰り際に、ドアのところで軍がこんな馬鹿なことをして」（前掲）と吐き捨てた様子を、静枝はいつまでも鮮明に覚えていた。松太郎はこの訴訟にかかった費用約一〇〇〇ドルを負担した。

漁民人口の減少

静枝がハワイへ行ったあと、しばらくの間、夫の久男は幼い息子二人を一人で育てていたが、一九五五年に息子たちを連れてハワイへと向かった。「日本にいたらもっと楽にできる仕事はあった」（清水久男、二〇〇八）のだが、「母親のもとに、こまい（幼い）子らを置きたかった」（前掲）ためである。ハワイへ着くと久男は松太郎とともに紀南丸に乗り込んだ。漁業の経験がまったくなかった久男は「漁師をしないと（松太郎の）機嫌が悪い」（前掲）ため、仕方なく漁船に乗ったが、体質のせいか船酔いに苦しんだ。

松太郎には、そのような久男に頼らざるをえない事情があった。一九五〇年代になると戦後の漁業ブームが去り、漁民人口が急速に減少していたのである。戦前から漁労の中核となってきた日本人（一世）漁民が高齢化し、次々と引退したが、その後を継ぐ者がいなかった。戦後、プランテーションを中心とする産業構造が崩れたことに加えて、日系二世の大学進学やホノルルの都市化など、ハワイの社会や経済構造は大きく変化した。それによって新しい雇用が次々と生み出されると、地元の若者はますます海を目指さなくなったのである。

連邦政府主導の海洋調査の実現と南洋群島へのハワイの「夢」

ハワイの漁船船団が縮小の一途をたどっていた、まさにそのころ、皮肉なことに、地元の水産業者やハワイ準州が戦前から要求してきた、連邦政府主導の大がかりな水産調査が実現した。その立案者は、ハワイアンツナパッカーズ社と、準州政府で水産業を統括する農林行政委員会およびそのなかの魚類鳥獣部である。これらの部署が中心となって準備した法案は修正を経たうえで、一九四七年に連邦議会で可決された。それによって、ハワイを中心とする太平洋の熱帯、亜熱帯海域のマグロ、カツオ資源の保護や漁業発展のための水産調査が開始されたのである。

戦前、太平洋、ハワイより西の海域における水産業の「覇者《はしゃ》」は日本であった。とりわけ日本の委任統治領《いにんとうちりょう》（国際連盟から委任されて統治した領土）であった南洋群島（グアムを除く北マリアナ諸島、パラオ、マーシャル諸島、ミクロネシア連邦）では、日本人の手によるカツオ漁やカツオ節の生産など水産業がさかんであった。しかし太平洋戦争中における激戦を経て南洋群島がアメリカの勢力下に入ったことで、ハワイの水産関係者は奮い立った。準州農林行政委員会のコリン・レノックス委員長が、終戦を待たずに「ハワイを中核として、地元の水産業をマーシャル（諸島）やマリアナ（諸島）まで広げる」（*Honolulu Advertiser*, November 16, 1944）と地元紙にその意気込みを語ったように、南洋群島の獲得は、ハワイの水産業にとって大きな飛躍をもたらすと考えられたのである。

南洋群島の水産資源を取り込んでハワイの漁業を拡大するべく、ハワイアンツナパッカーズ社が積極的に動いた。同社はアラン・デービス社長みずからが一九四七年にパラオやトラック諸島を視察する熱の入れようであったが、実はそのころ、カリフォルニアのマグロ船団も南洋群島への進出の機会をうかがっていた。そのような状況において、同社はハワイが南洋群島により近く、しかも南国の海の事情に精通している点を強調しつつ、かつて南洋群島でカツオ漁などに従事した「沖縄人」漁民を再びそこへ投入して漁獲物を現地、もしくはハワイまで冷蔵船で運んで缶詰に加工するという青写真を描いた（アメリカ国立公文書館 RG22）。

核の海としての太平洋

そのようなハワイ側の思惑とは裏腹に、終戦の翌年である一九四六年七月からマーシャル諸島のビキニ環礁で原爆実験がはじまった。ワシントンやニューヨーク、ロンドンやパリなど西洋世界の中枢都市から遠いマーシャル諸島を、連邦政府は漁場ではなく国防上の「戦略地区」と区分したうえで、ミサイルや核兵器の実験場にしたのである。連邦政府は核実験による「ハワイの漁業への影響はない」（*Honolulu Advertiser*, March 15, 1946）と断定したが、同じ太平洋に位置するハワイ側は危機感を募らせた。準州政府はビキニ環礁での原爆実験開始にあたって、農林行政委員会魚類鳥獣部の水産学者、ヴァーノン・ブロックを現場に送り込んで魚介類を調査させた。核実験場の近海で獲れる魚を口にしなければ問題ないというのが、その時の調査結果であったが、ブロックは「ビキニ近海の魚を捕食する大型回遊魚が、放射能汚染の影響を受ける可能性がある」と地元紙に語るなど、連邦政府側と異なる見解を示した（*Honolulu Advertiser*, September 8, 1946）。

このようなハワイ、そして何よりもマーシャル諸島に居住する人々の存在や、その懸念を無視するかのように、その後も核実験が続行された。一九五四年にビキニ環礁で行われた水爆実験では、周辺海域で操業していた多くの日本の漁船が被ばくし、静岡県焼津港所属の遠洋マグロ漁船第五福竜丸の乗組員、久保山愛吉《くぼやまあいきち》が死去した。その後の原水爆禁止運動の盛り上がりに直面した日本政府は、かつてハワイを訪れた水産講習所の俊鶻丸をビキニ海域に送り込んで調査を行った結果、広範囲に渡る放射能汚染の実態が明らかになった。

しかし高まる国際的な懸念にもかかわらず、マーシャル諸島では一九五八年まで計六七回もの核実験が行われた。さらにハワイにより近いジョンストン島やクリスマス島、モールデ

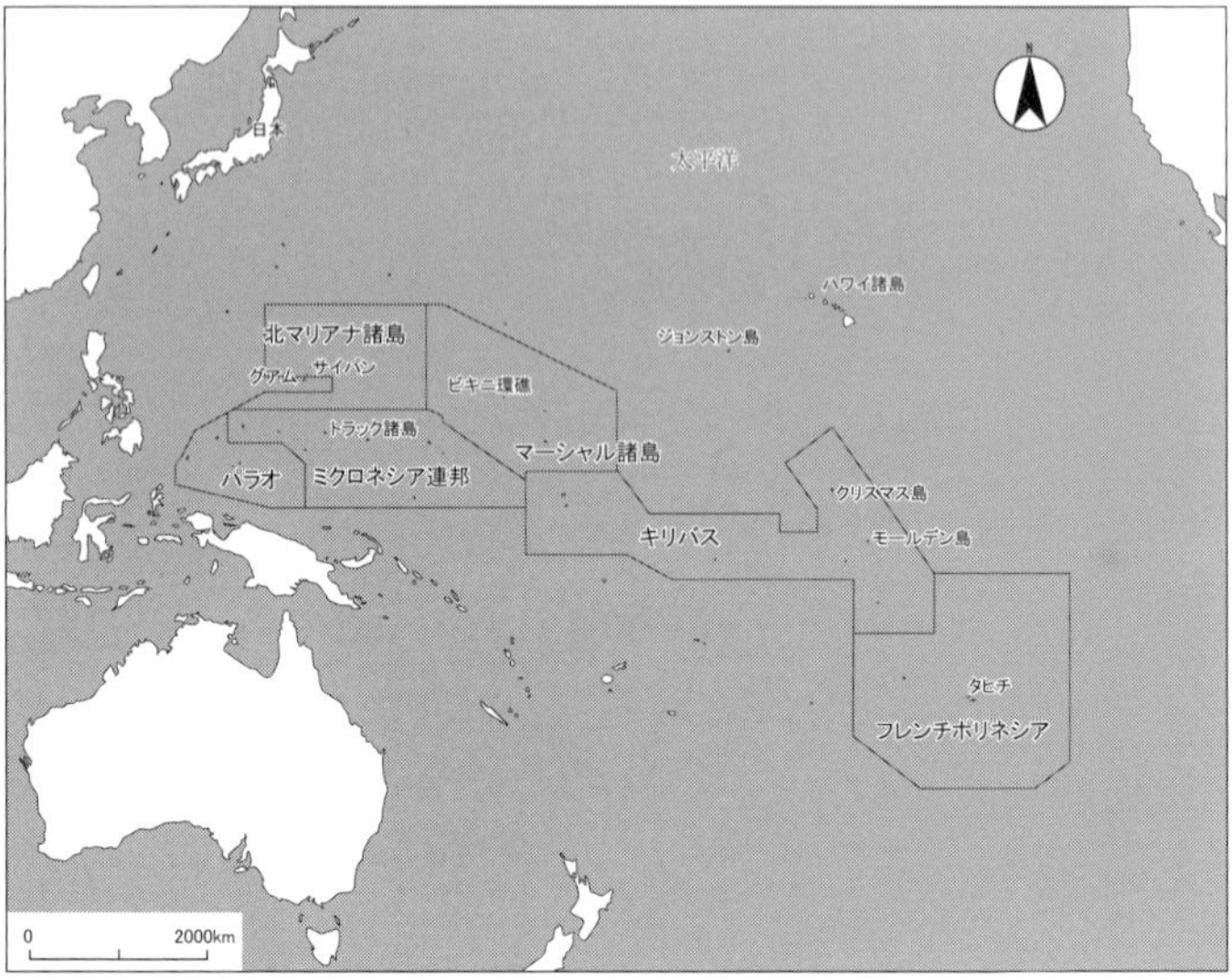

地図12　太平洋

ン島でもアメリカ、ついでイギリスの核実験が開始された。そこでハワイアンツナパッカーズ社は、フレンチポリネシアのタヒチなど新たな海域への進出を試みたものの、かつてハワイの水産業界が描いた「夢」、つまり南洋の豊かな水産資源を呑《の》み込んで、ハワイを中部太平洋の一大漁業基地とする計画の実現には至らなかった（地図12）。

終戦直後の沖縄と米軍支配

ハワイの水産業界が漁民不足に悩み、産業振興の新たな切り札として期待した南洋群島の水産資源活用案が暗礁に乗り上げたころ、四人の若者が沖縄からやってきた。一九五三年九月のことである。四人を呼び寄せたのはホノルル在住の新里勝市《しんざとかついち》と、その友人の保険業者、安里貞雄《あさとさだお》であった。新里は沖縄本島中部、勝連《かつれん》半島の北東約四キロの金武《きん》湾に浮かぶ島、平安座《へんざ》の出身である。海上交通の要《かなめ》である平安座は戦前、奄美諸島や沖縄本島北部のヤンバルと呼ばれる地域と、首里《しゅり》や那覇を行き来するマーラン船もしくはヤンバル船と呼ばれる輸送船の中継地点として栄えた。

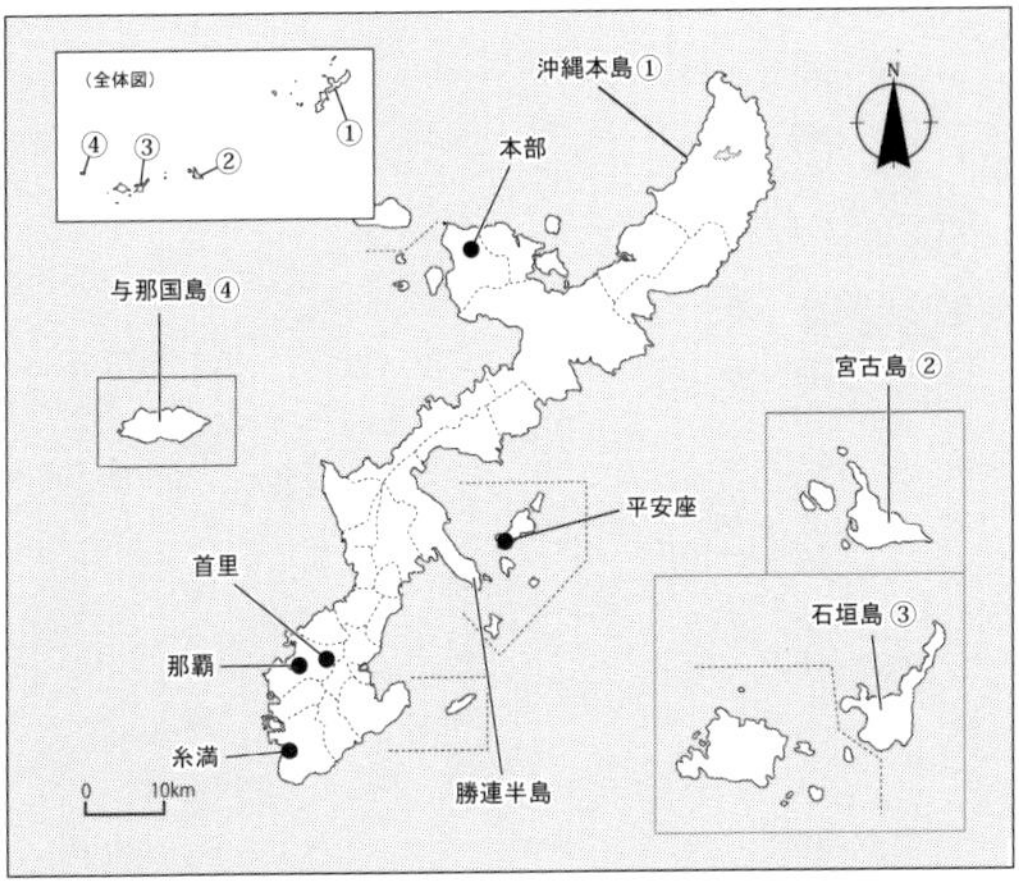

地図13　沖縄

しかし島には義務教育までしか学校がなかったため、若者の多くは教育や就業の機会を求めて県内の都市部や日本本土、さらに台湾やフィリピン、オーストラリア、南洋、アメリカ、カナダ、中南米、そしてハワイへと向かった。とりわけハワイは人気があり、そのような空気に押されてハワイにやってきた新里勝市は漁業で成功し、やがて何隻もの漁船を所有するまでになった。戦後も大谷松治郎が設立したユナイテッド漁業の副社長、そしてホノルル船主組合長として、ハワイの水産業界の振興に努めていた。また沖縄県普天間《ふてんま》出身の安里貞雄は、戦後、「沖縄救済衣服運動委員会」の委員として沖縄に衣服を送るなど、沖縄の救済運動に深く関わっていた。

このような二人が漁業の面から平安座を支援するために、新里の出身地である平安座から三人、平安座の対岸にある勝連半島の屋慶名《やけな》から一人の若い漁民を呼び寄せたのである。そして住居や漁業を教える船主を世話し、半年後に帰国するときには漁具一式を手土産に持たせたのであった（地図13）。

沖縄戦の爪痕と復興支援

沖縄とハワイの関係を語るうえで、戦争の惨劇と戦後の米軍による支配を省くことはできない。沖縄は太平洋戦争中、当時の県民総人口の四人に一人に相当する約九万四〇〇〇人もの命を奪う、「鉄の暴風」と呼ばれる猛烈な戦火にさらされた。一九五二年に日本が主権を回復したのちも、沖縄は日本本土から切り離され、琉球列島米国民政府（U.S. Civil Administration of the Ryukyu Islands, USCAR）の統治下に置かれた。

やがて米国民政府が、地主の同意なしに土地を接収して軍事基地を建設しはじめると、「島ぐるみ闘争」と呼ばれる、軍用地の強制接収や軍事基地の建設に反対する住民運動が沖縄各地に広がった。米軍基地によってもたらされるさまざまな問題に加えて、沖縄経済の回復の遅れなどによる不満から、次第に沖縄の日本への返還を求める声が高まった。そのため、アメリカ人への愛着や敬意を住民の心に植えつけることが、米国民政府の政策の実行や、沖縄中に張りめぐらされた米軍基地の恒久化《こうきゅうか》にとって、欠かせなくなったのである。

沖縄―ハワイ間における大規模な人的交流政策の開始

沖縄の人々の親米感情を育てるために米国民政府が目をつけたのが、沖縄の住民と血縁関係を持つハワイの沖縄系住民（オキナワン）であった。沖縄本島中部の金武《きん》出身の当山久三《とうやまきゅうぞう》の強い働きかけによって、一九〇〇年以降に沖縄県からハワイへ人々がやってきたが、その独特の方言や習慣などのため、沖縄出身者は現地の日本人から差別された。そのため、ハワイに住むオキナワンは、戦後、沖縄列島が日本から切り離されて米軍の支配下に置かれたことを歓迎した。米軍を日本支配からの「解放者」とみなしたのである。

そこで米軍は、ハワイにおいても、日本がかつて沖縄を植民地化した歴史を強調して、沖縄と日本の間の亀裂を広げようと努めた。また沖縄とハワイの人的交流を活発にするため、一九五九年に「琉布《りゅうぶ》ブラザーフッドプログラム」を開始した。これによって、一九七二年の沖縄返還までに、教育や行政などの分野で指導的立場にいるハワイのオキナワン約三〇〇人が沖縄へ来る一方、沖縄からは千人を超す行政指導者や学生、大学教授、ジャーナリスト、ビジネスマン、警察官、農業者などさまざまな分野の人々がハワイに渡って研修を受けた。これらの旅費は米軍が負担し、ハワイのオキナワンの組織であるハワイ沖縄連合会メンバーが中心となって、空港での出迎えや歓迎会の開催、研修地や居住先の選定や通訳、そしてレクリエーションのための活動を用意するなど、プログラムの参加者を支えた。

琉布ブラザーフッドプログラムには農業研修が組み込まれていた。この研修では、沖縄からやってきた研修生が半年間、ホストとなるハワイの「優秀な」農家に住み込んで働きながら農業を学んだ。それによって研修生が、農業だけでなくアメリカ式のライフスタイルの「良き価値観」（Adaniya, 329）を体得できるようにしたのである。

漁業研修制度の開始

ハワイのオキナワンをはじめ、民間人を巻き込んで大々的に展開された琉布ブラザーフッドプログラムから、漁業は除外されていた。その理由は不明である。しかし沖縄とハワイの間で大がかりな人的交流がはじまったことに刺激を受けたユナイテッド漁業の大谷松治郎と新里勝市は、沖縄から漁民を導入するための漁業研修制度を立ち上げた。漁業研修の参加者は、報酬を受け取らなかった農業研修と異なり、報酬を受け取る。その代わり研修生は、自分で旅費、部屋代、食事代そのほかの費用を負担する。ハワイまでの飛行機代はユナイテッド漁業から前借りし、あとで給料からその分を返済する。研修期間も農業研修の半年間ではなく三年間とする。さらに研修生には操業成績のいかんにかかわらず、会社側が当時の沖縄では破格の毎月一〇〇ドルを最低賃金として支払う。これは受け入れ側であるユナイテッド漁業にとっても、深刻化する漁民不足の問題を解消できるという利点があった。

この漁業研修制度の実現へ向けて大きな役割を果たしたのが、大谷の次男の明や、ユナイテッド漁業社員のフランク後藤らの、若い二世であった。二人は沖縄の米国民政府や米陸軍、連邦およびハワイ州（一九五九年にハワイ準州が州に昇格）政府やハワイ沖縄連合会、そして沖縄の政財界関係者との実務的な交渉を行った。また明は戦時中、日系の第四四二部隊に属し、戦後は日本を占領していた連合国総司令部の将校として日本で勤務した経歴を持っていたことから、米軍内の人脈を活かして折衝を重ねた。こうして漁業研修制度の実現に向けて、若い二世が日英両語の能力と太平洋をまたぐ人脈をフルに活用しながら尽力したのである。

一九六一年には新里勝市やフランク後藤らが沖縄を訪れて、米国民政府側と最終的な調整を行うとともに、地元紙、琉球新報の紙面やラジオ放送などを通して漁業研修生の募集を行った。そして二日間かけて一三〇人の応募者の面接を行うと、第一陣としてハワイへ派遣する一五人、第二陣の一〇人を選出した（『琉球新報』一九六一年九月二六日、同年一〇月四日）。

新里らは、高い漁労技術と節度ある生活態度を兼ね備えた者を選び出そうとした。この時の面接に参加した上原徳三郎《うえはらとくさぶろう》は、飲酒について何度も聞かれたが、「酒は飲まぬ」と強調した結果、無事、第二陣グループの一人に選ばれた。

糸満の漁業

上原徳三郎は一九三六年に沖縄本島南部の糸満で生まれた。糸満は琉球王国時代から漁業がさかんで、中国向けの主要な輸出品であるフカヒレや乾燥ナマコなど、高価な海産物を産出していた。琉球処分によって王国と中国との冊封《さくほう》（中国を世界の中心とみなし中国皇帝が周辺民族の王を臣下とする）・朝貢《ちょうこう》関係（中国の皇帝に貢物を献上して関係を結ぶこと）が断たれ、王国が日本に組み込まれて一八七九年に沖縄県が設置されると、糸満では高級ボタンの材料となる夜光貝や高瀬貝の採集、五隻から一〇隻のサバニ（小型の手漕ぎ漁船）に三〇人から五〇人の漁民が乗り込んで、魚を大型の袋網に追い込むアギャーと呼ばれる漁、そして二〇世紀初頭に鹿児島県や宮崎県の漁民から伝わったカツオ一本釣り漁がさかんになり、糸満は沖縄最大の漁業基地となった（写真40）。

また糸満の漁民は新たな漁場を求めて、県内はもとより日本各地、さらに日本帝国の勢力の拡大にともなって台湾やマニラ、シンガポール、インドネシア、サイパン、ボルネオなど太平洋各地へと向かった。サンゴ礁が広がる南洋や東南アジアの暖かな環境が故郷の海に類似していたため、それらの海で糸満漁民はアギャー漁やカツオ一本釣りに従事した。その結果、糸満は一九四〇年までに沖縄県で最も多くの住民を海外に送り出した集落となった（写真41）。戦後、ハワイアンツナパッカーズ社がマーシャル諸島に、糸満をはじめとする沖縄

写真40　糸満漁港
糸満漁港にて夫の漁獲物を買い取って行商に出かけるアンマー（おかあさん）。背後にサバニと呼ばれる漁船が写っている。上原謙所蔵。

写真41　糸満集落
糸満集落は沖縄戦にて灰燼《かいじん》に帰したが、この写真には奇跡的に戦禍《せんか》を逃れた家屋が写っている。手前のかやぶき屋根の家は戦後に米軍が建てたものである。アメリカ国立公文書館所蔵。

の漁民を導入しようとした背景には、このような歴史的経緯があった。

海外への出漁がさかんな糸満で漁業に従事していた上原は、琉球新報に掲載された漁業研修生応募の広告を目にすると、ためらうことなく応募した。とりわけ一か月最低一〇〇ドルの賃金保証という文言は、当時の琉球政府の「課長級の偉い人」でも「月給が約三〇ドルから四〇ドル」であったこととくらべて破格であった。また同じく研修生に応募した仲島宏至《なかしまひろし》も同様であった。一九三五年に台湾で生まれ、与那国《よなぐに》島で育った仲島は、一〇代後半で糸満に移住して以来、漁業に従事していた。ある日、たまたまラジオで漁業研修生募集のニュースを耳にした途端《とたん》、「ハワイは儲《もう》かるよ」と、小さいころから聞いていた言葉がぱっと脳裏によみがえった。いてもたってもいられなくなった仲島は、学歴を「でっちあげ」た履歴書を手に面接会場へと向かった。ろくに学校には行っていないが「海の学校」で身につけたマグロ延縄、カツオ一本釣りなどの漁の腕には自信があった。その甲斐あって、仲島は無事、面接を通過して第二陣に選ばれた（写真42）。

漁業研修生、ハワイへ

第一陣に選ばれた一五人の研修生は、面接から約一か月後の一九六一年一〇月二七日に、那覇空港から民間機に乗り込んでホノルルへ向かった。ホノルルでは、ユナイテッド漁業が経営するアラマーケットの二階の「軍隊が使うような」二段ベッドとバスルームが備えつけられた宿舎で生活した。また研修生はユナイテッド漁業に所属するカツオ一本釣り漁船や、マグロ延縄漁船に乗り込んだ。翌年の二月一六日には上原徳三郎や仲島宏至を含む一〇人から成る第二陣、そして翌一九六三年一月一九日に第三陣の五人の研修生がホノルルへと旅立った。合計三〇人の研修生のうち約七割が平安座や糸満、そして戦後に漁村として台頭してきた那覇の出身、もしくはそこを拠点とする二〇代後半から三〇代の漁労経験豊かな漁民ばかりであった。

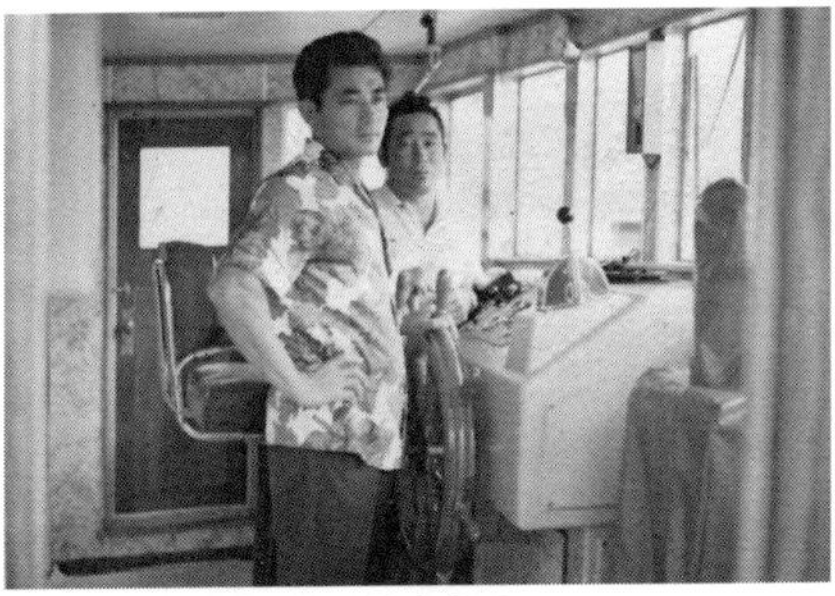

写真42　上原徳三郎と仲島宏至
ハワイの海で操業する仲島宏至（左）と上原徳三郎（右）。２人は漁業研修生として1962年に沖縄からやってきた。上原徳三郎所蔵。

沖縄本島南部の喜屋武《きゃん》に住み、「少し海人《うみんちゅ》の経験がある」という宮城《みやぎ》真得《しんとく》は、「職安（公共職業安定所、のちのハローワーク）から声をかけられて」面接を受け、第二陣の研修生に採用された（写真43）。当時二八歳くらいだった宮城には妻と三歳、一歳の子どもがいたが、妻のチヨは、突然降ってわいた夫のハワイ行きの話に「とても驚いたけれど、あのころはとにかくお金がなかったから」反対しなかった。このように、研修生の約半数は妻帯者で、妻や子どもを

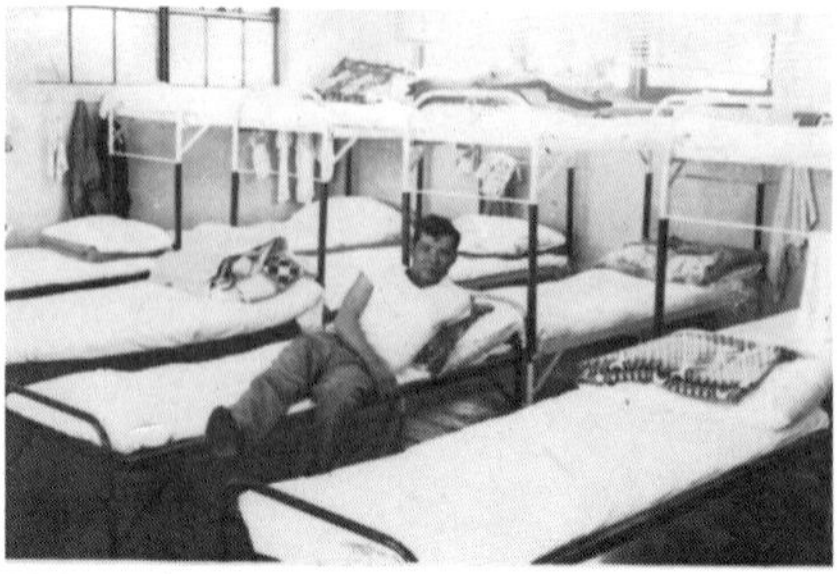

写真43　宮城真得
アアラマーケット２階の宿舎でくつろぐ喜屋武出身の宮城真得。宮城真得所蔵。

沖縄に残しての渡航であった。

　表向きは漁業技術を習得するための「研修生」でありながら、その実、即戦力としてやってきた沖縄の研修生は、ハワイの海で目覚ましい働きぶりをみせた。そこでハワイアンツナパッカーズ社も沖縄に目をつけた。一九六五年の移民法改正によって、アメリカがアジアからの移民に再び門戸を開くと、同社は早速、沖縄からの漁業研修生に永住権を与えて受け入れはじめたのである。

　ハワイアンツナパッカーズ社の参入によって、たちまち優秀な漁民の奪い合いが生じた。ユナイテッド漁業はフランク後藤を再び沖縄へ派遣して、いったん三年間の契約期間を終えて沖縄に戻っていた上原徳三郎や宮城真得らに声をかけ、今度は永住権の手続きをすると約束して再びハワイへ招き寄せた。こうしてユナイテッド漁業、ハワイアンツナパッカーズ社とも、社員を沖縄に派遣して腕の良い漁民を直接リクルートするだけでなく、次第にさまざまなツテを頼って、できるだけ多くの人員を確保するようになった。一九六九年に平安座からやってきた伊藤ヒサシは、ハワイに行った先輩から「自分が帰るから今度はあなた行け」と言われ、「毎年誰かが行く」という空気が島を覆うなかで、妻と三人の子どもを残してハワイへ向かった。

さらに時代が下ると、漁業経験者だけでなく、漁労経験がまったくない素人《しろうと》も多数、ハワイの海を目指した。このような者にとって、ハワイの海はまさに漁業を基礎から身につける研修の場となった。糸満漁港の近くに本社を構えるラッキー交通でタクシー運転手をしていた玉城《たましろ》清《きよし》は、会社の専務のいとこがハワイ在住で、そのツテで一九七〇年にハワイへと渡った（写真44）。玉城の記憶では、同社から一五人くらいがハワイへ渡り、ハワイアンツナパッカーズ社所属のカツオ一本釣り漁船に乗り込んだ。「先輩なんかがもうすでに行っていたから、自分も行かしてほしいと頼んだの。ハワイは儲かるぞ、と聞いて。第一はそれよ」と語る玉城は、フィリピン生まれで「おやじが漁」をしていたというものの、本人に漁業経験はない。またハワイへ渡った元タクシー運転手のなかには泳げない者すらいたというが、本当か否かは定かではない。

写真44　ラッキー交通
糸満漁港のほど近くにあるこの会社から、かつて多くのタクシードライバーがハワイへ渡って漁業に従事した。筆者撮影。

自分探し

一九七二年の沖縄の本土復帰前後になると、戦時中の悲惨な体験や戦後の飢《う》えの記憶を持たない戦後生まれの世代も、ハワイへ向かいはじめる。一九五一年に平安座で代々の漁家《ぎょか》に生まれた安次富保《あしとみたもつ》は、若いうちから島の先輩に「オーストラリアのマグロ船に乗れ。あそこは波が荒いがいい」と言われて育った。沖縄県立水産高校の卒業を目前に控えて「ただハワイへ行きたい一心」から与那城《よなしろ》村の漁協組合長のところに相談に行ったが、まずは漁業の経験を積むよう助言された。そこで一年間、地元で漁労に従事したあと、一九七一年七月に、ほかの一三人の研修生と一緒にハワイへ渡った。

安次富の水産高校の後輩で、平安座の渡船業者の家に生まれ育った伊藤博文《いとうひろふみ》も、幼いころからブラジルやアルゼンチン、ハワイなど海外に住む親戚から送られてくるクリスマスプレゼントのおすそ分けをもらい、叔父が最初のころの研修生としてハワイに行き、戻ってくると入れ替わるように息子がハワイへ向かうのを見ながら成長した。島で働く気がなかった伊藤は、「今風《いまふう》にいうと自分探し」のため、しばらくの間、横浜の車体プレス工場で働いたあと、一九七五年に二〇歳でハワイへ渡った。

このように一九七〇年代に入ると、経済的理由よりもむしろ、安次富や伊藤のように、海外へ出漁した親族や同郷の先輩たちの成功談に刺激された若者が、ハワイの海を目指した。

このころの平安座は、島に進出したアメリカのガルフ社が、島での石油貯蔵基地の建設と引き換えに、一九七一年に平安座と沖縄本島を結ぶ海中道路を建設したことによって、島が本島と陸つづきになり、離島ゆえの苦労から解放されていた。また島の住民の多くが建設現場やガルフ社で就労したり、同社から借地料を得たりしたため生活は安定した。

もっとも一九三五年生まれで、漁業研修生第二陣メンバーの一人となった仲島宏至のように、ハワイへ渡った漁業研修生の間では、海外への出漁は憧《あこが》れの対象、もしくは「若いうちは世界を見て視野を広げる」ものだという共通認識を持っていたことは特筆すべきである。また研修生の父親の多くは台湾やフィリピン、そしてサイパンなどの南洋群島に行って漁労に従事した経験を持っている。戦前に海外へ拡散した沖縄漁民の子ども世代が、漁業研修生として一九六〇年代以降にハワイへ向かったということもまた、特徴として挙げられよう。

ハワイでの漁労

どのような目的や夢を持ってきたのであれ、沖縄からやってきた研修生にとってハワイの海は厳しかった。ラッキー交通の元タクシー運転手で一九七〇年にハワイへ渡り、カツオ一本釣り漁船に乗り込んだ翁長幸和《おながゆきかず》は、当初、抱えきれないほど大きなカツオに振り回された。そのため上陸してからも竿の先に重りをつけて、竿さばきの練習をした。もっとも翁長は幸

写真45　カツオ一本釣り漁
1970年代前半のカツオ一本釣り漁の様子。麦わら帽子がヘルメットへ、竹竿がグラスファイバー（ガラス繊維強化プラスチック）製へと変化した。安次富保所蔵。

い、船酔いには強かったが、会社で翁長の同僚だった玉城清は「最初はきつかったよ。こっちではやったことがない。慣れるまできつくて、半年くらいかかったかな。慣れたら大丈夫。早い人は一か月で慣れちゃうよ」と、ハワイ特有の大きくてうねる波に苦しんだ（写真45）。

その一方で、一九七三年に妻と五人の子どもを残して、四六歳で糸満からハワイへ渡った金城成徳《きんじょうせいとく》は豊かな漁業経験を持っていたが、ハワイの漁船の格差に驚いた。最初に乗り込んだ漁船は機械化が進んでいたが、その後に移った大城《おおしろ》という沖縄系の船長の船は、穴が空いてボロボロであった。また同じく糸満漁民の上原徳三郎は、ハワイのマグロ延縄漁の技術が糸満より二〇年ほど遅れていると感じた。たとえばビン玉を編むときなど、糸満のやり方では一日に二〇個は編むが、ハワイでは二日で一個をやっと編み上げる。そのため上原は自分のやり方を通したところ、ほかの乗組員から「お前は研修生じゃないか」と叱られ

写真46　生き餌獲り
真珠湾やカネオへ湾などの浅瀬で行われた生き餌漁の様子。この漁は多くの困難をともなった。安次富保所蔵。

たが、「次第次第にこっちの言うように」作業するようになった。こうして未経験者にとってハワイの海が漁業を一から学ぶ「研修」の場として機能する一方、ベテランにとっては、逆に漁法をハワイの漁民に伝授する場となるなど、ハワイと沖縄の双方向で技術交流が行われた。

また研修生は、ハワイ特有の自然環境のために苦しんだ。とりわけカツオ一本釣り漁に先立って行われる生き餌漁はつらく、漁場である真珠湾の底には、砂糖キビの製糖のために焼いた灰が流れ込んでへドロのようにたまっていた（写真46）。その水のなかに潜っているうちに、翁長幸和の太もものあたりには炎症のようなおできができた。しかし免疫ができたのか、しばらくすると消えた。さらに、ハワイの「寒さ」に苦しんだのが伊藤博文である。伊藤が乗るカツオ漁船はカネオへ湾で生き餌を獲った。早朝にTシャツ姿で海に潜り、ネフ（ハワイアンイワシ）が上がってくるのを水中で待つうちに風が出てくると、「それが寒くてね、何じゃこりゃ」というほどであった。伊藤は今でもマリンスポーツをする気になれない。

もっとも、かつて多くの関係者が指摘した、乗組員の間の厳しい階層意識は、このころになると大分やわらいでいた。通常、見習いは乗組員のなかで一番朝早く起床して食事の支度をし、コーヒーを入れる。しかし伊藤にとって、そのような仕事は「田舎でほら、飯炊きもやっていたし、自分で味噌汁とか食べる分を作っていたから、朝早く起きるのがつらかったくらい」であった。またかつては当たり前のように行われた先輩乗組員による体罰の話も、このころになると聞かなくなっていた。

言葉の壁と豊かな食生活

漁業経験の有無に関係なく研修生が苦しんだのが言葉の壁である。沖縄で「標準語」で書かれた教科書を使って教育された上原徳三郎にとって、ハワイの漁船で使われる和歌山や広島、山口の方言由来の言葉は「日本語もどこの言葉か、と思うような変な言葉」に聞こえた。それに加えてハワイ人やポルトガル人、さらにパラオやトラックなど、さまざまな所からやってきた乗組員の言葉が混ざり合う船上では、どこの国の言葉とも知れぬ独特の会話が交わされており、「今からモイモイタイム（休憩時間）」と言われた上原は、モイモイとは沖縄では踊ることを意味するため混乱した。もっとも仕事をしているうちに、このような船で使われる言葉に慣れていったが、船を降りても言葉、とりわけ英語でのコミュニケーションに苦労した。金城成徳は交通事故を起こしたときにアドレス、と言われて意味が分からなかったため馬鹿にされ、「逃げて帰ろうかと思った」くらい、くやしい思いをした。

しかしその金城も、食生活の話になると「ハワイは毎日牛肉豚肉野菜なんでも食べ放題」で、「もっと早く来ればよかったと思った」と笑顔になる。平安座では、そうめんにスープ、そして「ほとんどイモで育った」伊藤博文は、ホノルル空港に到着後、昼食に連れていかれたレストランの、大きなエビフライ三本と照り焼きステーキが二枚乗った「コンビネーションプレート」に感動し、その後一年間、そればかり食べた。漁船でも食生活は豊かで、翁長幸和が乗り込んだ船では、ポルトガル系の船長が一週間分の食糧の買い出しをしたが、料理を担当した翁長にはハンバーグやスパゲッティ、シチューなどに加えてテビチや豚足の煮つけといった沖縄料理も用意させた。また魚はいつも刺身で提供し、朝から刺身を食べることもあった（写真47）。

高い報酬

さらに研修生を感動させたのは豊かな報酬《ほうしゅう》であった。漁業研修制度の開始当初は、募集

写真47　船での食事
陸でも海でもハワイの食生活は豊かであった。安次富保所蔵。

時の条件である一か月一〇〇ドルの最低賃金が保証されていたが、実際に研修生が稼ぎ出す金額はそれよりもはるかに大きかったため、一律年間一万ドルが支給された。しかしまもなく「個人で頑張れば頑張っただけ儲かるように」なった。研修生は渡航費を返済しさえすれば、自由に船を移ることができた。漁船での契約は通常一年間で、船長の腕によって収入が大きく左右されたため、研修生は腕の良い船長の船に移ろうとし、また船長も腕の良い研修生を雇おうとした。こうして稼ぎの良い船なら年間三万ドル、普通の船でも八〇〇〇から一万ドルの年収を得た。ハワイへ行ったばかりの伊藤博文は、初めてもらった一週間分の給料が入った封筒が、その分厚さのあまり立ったのを見て驚嘆した。とにかく稼ぎが良いために、つらいことも忘れて頑張ることができた。

研修生が総じて高い報酬を手にすることができた背景には、当時のハワイの海の豊かさ、そして魚を獲れば獲れただけ売れる需要の高さがあった。しかし研修生の浪費を防ぐため、ユナイテッド漁業では研修生の賃金を会社が一括管理し、そのなかから航空運賃やアアラマーケット二階の宿舎の家賃、そのほかの費用を差し引いた残りを会社で貯金した。要請があれば沖縄の家族への送金も行い、研修生には毎月二〇ドルのみを小遣いとして渡した。

しかし当時まだ独身で二〇代の伊藤博文は、「飲んだり食ったりラスベガスに行ったり」するうちにそれを使い果たすと、会計の担当である沖縄系二世の仲宗根《なかそね》フジコに頭を下げて自分の金を引き出した。それが重なると「あなた、いつかは平安座に帰るんでしょ。貯めておかないと」と叱られた。研修生と話しているうちに日本語の会話がどんどんうまくなったという仲宗根は、研修生にとって「こわーいおばちゃん」であった。

一方、同じく沖縄からの研修生を受け入れたハワイアンツナパッカーズ社は、住居や賃金管理を研修生に任せていたため、研修生は同じ出身地の者同士で一軒家などを借りて共同生活を送った。ホノルルの街には沖縄料理屋なども多かったため、ホームシックになることも少なかった。研修生のなかには大酒を飲んで儲けをすべて使い果たし、沖縄へ戻る金すらなくなって妹が迎えに来た者もいれば、妻帯者でありながら現地に愛人を作った者もいた。それでも研修生の多くはまじめに働いて沖縄の家族に送金しつづけた。

沖縄で待つ家族

沖縄に残る研修生の家族にとって、ハワイからの送金はありがたかった。喜屋武で二人の子どもを育てていた宮城チヨは、夫、真得が送ってくる「毎月一〇〇ドルの送金は助かった。お金がなかったから」と当時を振り返る。ハワイで頑張る夫に、チヨは子どもたちの声をカセットテープに録音して送った。

糸満の金城成徳の妻、テルも、カセットテープに子どもたちの声や歌、オジイのイビキやオバアの声などを録音して送った。夫の成徳は、実の父親と折り合いが悪かったため、一九七三年にハワイへ渡ったまま一〇年間、一度も沖縄へ戻らなかった。テルはそのような成徳のことを五人の子どもたちの前で悪く言わず、「あんたたちを育てるためにお父さんはあっちへ行っている、ちゃんとしないとだめ」と言い聞かせて育てた。長年ハワイから戻らない成徳が現地で女を作っているという噂《うわさ》も耳にしたが、夫に対しては一言、「子どもたちの顔を汚すようなことをするな」と伝えた。ハワイからの送金も途絶えがちで、その送金も円高によって次第に目減りしたため、テルは家事のかたわら、すり身工場や弁当屋などで働き、義理の両親と協力し合いながら子育てをした。やがて長男の勝《まさる》が高校を卒業して働きはじめると、給料を全額、テルに渡した。テルはそれを貯金した。

成徳がハワイへ渡ったとき、勝は一五歳であった。父親不在の家庭で寂しい思いを抱えながら成長した勝は、小さい弟や妹を守らなければという責任を感じていたものの、明るい性格の妻と結婚するまでは「根暗だった」。それだけに祖父が病気で倒れたときに一〇年ぶりに父、成徳が帰宅したときはうれしかった。一時帰国をきっかけに実父との関係を改善させた成徳は、その後、何度か糸満とハワイを往復したのち、一九九四年にハワイから引き揚げた。一度だけハワイへ行ったほか、二度か三度、成徳が戻ってきたときしか夫と会わなかったテルは、互いに七〇歳を過ぎて夫婦二人暮らしとなったが、それはまるで「新婚さんのような感じ」であった（写真48）。

夫が不在がちな漁村において、妻が家事育児を背負うのみならず魚の流通、加工の現場に出て産業を支え、家計を切り盛りしながら夫の帰りを待つ、という光景は糸満でもよく見られた。金城成徳のように夫が海外へ出かけたまま何十年も戻らないことはよくあり、病気になると帰ってくる。しかし帰国後も金城成徳、テル夫妻のように再び仲睦《なかむつ》まじく暮らしはじめることもあれば、夫が帰国してからも別居をつづけるなど、長い別居生活の間に生じた溝を埋《う》められないままの夫婦もいた。後者の場合、金城勝の同級生で糸満育ちの新垣《しんがき》かおるや、同じく糸満の船大工、上原謙《うえはらけん》は、「そのような話はなかなか聞けない」、つま

写真48　金城成徳、テル夫妻
ハワイで暮らす金城成徳を妻のテルが訪ねたときの１枚。２人の別居生活は長らくつづいた。金城成徳所蔵。

り本人も話したがらなければ、周囲もその話題に触れようとしないものだと語る。

ハワイへやってきた妻

一九七一年に一九歳でハワイへ渡り、沖縄海洋博覧会が開催された一九七五年に一時帰国したときに同級生、昌代《まさよ》と結婚した安次富保は、夫婦同居の道を選んだ。昌代もハワイに平安座の親戚や知り合いがいるため、「あまり気にせず」保についてハワイへ渡った。ハワイでは親戚が経営しているパラマの玉城マーケットや、アラモアナのサンジェルマンというパン屋で働いたが、店では日本語も使われたため、言葉に不自由することはなかった。しばらくして娘を出産したときも、周囲に相談に乗ってくれる知り合いが多かったため不安はなかった。ハワイは気候も良く娘も健康に育っていたが、エイサーや運動会など、島を挙げて盛り上がる祭りが平安座ほど頻繁にないのが寂しかった（写真49）。

一方、ハワイに来てから一日も休まず働いた保は、何度か自分の漁船を買うチャンスがあったものの、周囲に反対されて「潰された」。さらに平安座の親のことが心配になった安次富夫妻は一九八五年に帰国した。平安座に戻ると、保はしばらく島のガルフ社などで働いたが、その後、会社が傾《かたむ》くと再び漁業に戻り、やがて与那城漁業組合の組合長になった。一方、手に職を、と考えた昌代は、四人に増えた子どもの世話を近所に住む親戚に手伝ってもらいながら学校に通い、准看護師の資格を取った。

漁業研修の終了とその後

漁業研修制度がはじまって以来、沖縄から何人の研修生、もしくは移民の資格を持った漁民がハワイへやってきたのか、正確な人数の記録は今のところはっきりしない。しかし一九六一年以降、一九七〇年代なかばに至るまでの間、数百人の研修生が沖縄からハワイへやってきて漁労に従事し、当時深刻な労働力不足に悩んでいたハワイの漁業を活性化させたことは確かである。戦後、ハワイのオキナワンが食糧や物資などの供給を通じて沖縄を支援したことはよく知られている。しかし沖縄がハワイの漁業を支えたことを知る人は少ない。

写真49　安次富保一家
平安座からハワイへ渡った安次富保、昌代夫妻とハワイで生まれた長女。安次富保所蔵。

一九七〇年代の後半になると、研修生は次第にハワイの海から姿を消していった。その大きな要因となったのがカツオの不漁である。当時、カツオはハワイの全漁獲高の約半数を占めていたため、カツオ漁の不漁がつづく年には多くの帰国者が出た。また一九七二年の沖縄の本土復帰による通貨のドルから円への切り替えや、その後の円高によって、ハワイの海は儲からなくなってしまった。さらに追い打ちをかけたのが、ハワイアンツナパッカーズ社の経営悪化と一九八四年の倒産である。これ以降、ほとんどの研修生は沖縄へ戻った。

ラッキー交通からハワイへ行った者の多くは、帰国後、再び古巣に戻ってタクシー運転手になった。しかし安次富保のように、ハワイで習得した技術を活かして沖縄でも漁業をつづける者もいた。また、ハワイの女性と結婚した研修生はそのままハワイに残って家庭を築いた。平安座出身の伊藤博文は、男だらけの漁船に乗っているうちに「結婚しなきゃ」と強く思うようになり、やがて船を降りた。三〇歳で地元の日系女性と結婚したあとはホノルルで観光関係の仕事についた。今となっては「漁師は青春の一コマ」だと語る伊藤のように、漁業を辞めて漁業と無関係の職につく者もあれば、魚の知識や経験を活かして鮨屋や魚屋などの経営に乗り出す者も多かった。

こうしてハワイの海から姿を消していく沖縄の研修生と入れ替わるように、存在感を増していったのが、韓国人、ベトナム人、そして米本土からやってきた白人漁民であった。ハワイの海はさまざまな人種やエスニックグループに彩られながら、やがて二一世紀を迎えるのである。

結　海をめぐる対話はつづく

ある漁民一家のハワイでの生活と仕事ぶり

ホノルルのチャイナタウンの一角に、オアフマーケットという市場がある。一九〇四年にアニン・ヤングという中国人が開いた歴史あるこの市場のなかに、かつてナカシマフィッシュマーケットという魚屋があった。その店の主、仲島たけこは沖縄県の宮古列島に位置する多良間《たらま》島の生まれである。

長じて宏至《ひろし》と結婚すると、たけこは那覇市内に家庭を持ち、一九六二年に宏至が漁業研修生としてハワイに行ったあとは、保険会社やコロッケ屋などで働きながら三人の子どもたちを育てていた。一九七四年にたけこは子どもたちを連れてハワイの宏至のもとへ渡ったが、これは長女のリサが「我が家はいつもついていない」と感じていたように、金銭をめぐる親族とのトラブルが次々と降りかかり、ついには住む家を失った末の決断であった。

沖縄では魚を扱う仕事をしたことがなかったたけこは、仲里さんという沖縄出身者が経営する魚屋で仕事の見習いをしたあと、自分の店を持った。そこで宏至が獲ってきた魚や市場で仕入れた魚の販売をはじめたが、英語が話せず、やがてストレスのせいか、手が麻痺《まひ》して動かなくなった。そこでたけこは「子どもたちを放ったらかして」二週間か一か月間くらい、アラスカで過ごした。リラックスしたおかげか手の麻痺は治り、それから医者にかかることもなくなった。

やがてたけこは、オアフマーケットの一角にある一番大きな店舗を買い、さらにその一年後、宏至が自分の漁船「ＬＩＳＡ　Ｉ」を造った。そのころ、家も買った仲島夫妻は、借金を返済するために沖縄に戻ることなく、以前にも増して懸命に働いた。宏至が海で「一日に二〇時間」働き、たけこも早朝からユナイテッド漁業が運営するホノルル魚市場のセリに隣近所の同業者と一緒に出かける。

隣近所同士競争して、セリやって、競争して、あれは喧嘩よね、セリが終わったらまた仲良く一緒に帰ってくる。面白かったよ。ここらへんで私が一番若かったから（仲島たけこ、二〇〇九）。

セリから戻ると元旦も含めて年中無休で店先に立つ。このような日常を送るたけこは、ハワイの沖縄系住民（オキナワン）との付き合いはほとんどない。オキナワンが主催する祭り、「ウチナンチュフェスティバル」に顔を出したこともあるが、サーターアンダギー（沖縄の丸い揚げドーナツ）一つ買うにしても行列することに閉口した。そもそもオキナワンと自分たちとは「違う」と感じているたけこは、むしろ日ごろから店に来てくれる常連客とのやりとりを大切にしている。

　仕事漬けの日々を送る仲島夫妻の子どもたちは、「自分で大きくなった」。リサは六歳の時にハワイへ来たが、沖縄にいたころから、いつも子ども同士で過ごしたり祖母の家へ行ったりしていた。ハワイに来てからも「鍵っ子」で、首から下げた家の鍵を使って自宅に出入りした。母のたけこがアラスカに行ったときも、自分たちで留守番をし、夜は友達のところに泊まりに行った。「滅多《めった》に会えない」父親を恋しく思いながら、それでもむしろ、働き者の両親を誇りに思いながら

写真50　仲島家の女三代
自身が経営する魚屋の前に立つ仲島たけこ（中央）、娘のリサ（右）、孫のローリー（左）。筆者撮影。

育ったリサや兄弟は、子どものころから母の店を手伝った。

やがて高校を卒業すると、リサは二か月間、自分の名前を冠した父の漁船に乗って一緒に漁をしたが、その後は船を下りて空軍に入隊した。「船と店は一緒」と繰り返すたけこは、宏至が漁をつづける限り店を開けてきたが、二〇一五年ころに宏至が船を下りると、たけこも店を畳《たた》んだ（写真50）。

ハワイにおける産業構造の変化と漁民の多様化

仲島一家がハワイで繰り広げた生活と仕事ぶりは、まるで戦後におけるハワイの水産業を凝縮しているかのようである。仲島家では夫が獲った魚を妻や娘が加工して売りさばくという、沖縄を含め日本各地の漁村にみられる分業形態が保持されていた。また、たけこの仕事仲間の多くが日系人で、水産物流通の現場における日系人の存在の大きさがわかる。さらにたけこが通った魚市場は、二一世紀に入っても魚介類流通の要として機能していたことから、二〇世紀初頭に日本の海の民がハワイへ持ち込んだ漁村の文化や、作り上げた水産流通の仕組みが、百年たっても保持されたことを示している。

その一方で、仲島一家がハワイで過ごした日々は、水産業をめぐる事情が大きく変化した時期でもあった。仲島宏至をはじめ、漁業研修生が沖縄から次々にやってきた一九六〇年代初頭以降、ハワイ州全体では軍事産業や観光業、建設業、製糖業などが興隆し、漁業はその相対的な地位を低下させた。さらに一九七〇年代以降になると、ホノルルの都市化が進んだため、州全体の人口の約八割がホノルルに集住するようになった。それにともなってハワイの水産物もまた、ホノルルやその近郊に集まった。とりわけ水産物流通、加工のインフラが整ったホノルルのケワロ湾に魚介類が集中するようになったため、一九七九年にユナイテッド漁業がアアラからカカアコに市場を移転した。

こうしてケワロ湾がハワイにおける水産業の中心地となったほか、一九七〇年代から八〇年代にかけて漁民の多様化も進んだ。仲島リサやその兄弟が父の職業を継がなかったように、漁業研修生の多くは一代限りの操業、もしくは帰国によって次第にハワイの海から消えていった。その穴うめをするかのように、さまざまなエスニックグループ、とりわけ、もともとハワイの海で操業していたハワイ人やフィリピン系だけでなく、一九六五年の移民法改正によってアジアからの移民が容易になると、韓国人漁民の数が増加した。

またベトナム人漁民の数も増えたが、その多くは、もともとベトナム戦争時に難民としてアメリカにやってきて、メキシコ湾岸でエビ漁などに従事していた。しかしそこで白人に「いじめられた」ため、ベトナム人漁民はユナイテッド漁業のフランク後藤に電話をかけて窮状《きゅうじょう》を訴えた。漁民の数が不足していたことから、後藤が受け入れを承諾すると、ベトナム人たちは小さな漁船に乗ってパナマ運河を通ってハワイまでやってきた。また西海岸やマサチューセッツ州など東海岸からも白人漁民がハワイにやってきたため、やがてハワイの海には大きく分けて韓国人、ベトナム人、本土の白人の三つの漁民グループができた。それに加えてトンガやマーシャル、インドネシアやサモアなどの出身者や、男性にくらべると数は少ないものの、女性も漁業に携わるようになるなど、ハワイの海は多様化した（写真51）。

また、かつてホノルルと並んで日本人漁業の中心地であったハワイ島ヒロは、戦後、漁民

写真51　ベトナム漁船
かつてサンパン漁船が係留されていたホノルル湾には現在、ベトナム人をはじめさまざまなエスニックグループの漁民が所有する漁船が停泊している。筆者撮影。

写真52　スイサン株式会社50周年
1907年にハワイ島ヒロで誕生したスイサン株式会社は1957年に創設50周年を迎えた。祝賀会にはホノルルをはじめハワイ各地から多くの関係者が集った。スイサン株式会社所蔵。

の高齢化や後継者不足に加えて、一九四六年につづいて一九六〇年にヒロ湾に押し寄せた津波によって多くの漁船が破壊され、漁業の衰退に拍車をかけた。そのようななかで、フィリピン系、白人、ハワイ人漁民らが、「わしらから見ると捕り方は下手じゃが、そりゃどうでもええ。大事なのは水揚げなんよ」（中国新聞社、二七頁）と、スイサン株式会社役員のゼンゾウ・カナイが語ったように、地元の消費者に貴重な鮮魚を供給しつづけた（写真52）。

こうして、ハワイの海に新たに参入した漁民が、米本土から持ち込んだ最新の漁船を繰って行う延縄漁が、まもなくハワイにおける漁業の「花形」となった。また連邦政府主導による海洋調査の結果、ハワイ周辺海域でロブスター漁場が発見されるなど、新たな漁場が次々と開拓された。さらにマグロやカジキ、地元でマヒマヒと呼ばれるシイラを狙うトロール漁もさかんになるなど、漁業の新たな担い手によって、新たな漁法による漁が展開されるようになった。

フィッシングビレッジの誕生

二一世紀に入ると、ハワイ州政府主導による大規模な再開発によって、カカアコの姿が激変した。かつて日本人漁民とその家族が住み、ハワイアンツナパッカーズ社をはじめとする水産加工場が並んでいた地域には、自動車販売や小売りなどの商業施設が次々と建ち、ハワイ大学医学部もマノアからカカアコに移転してきた。その一方で、二〇〇四年にはユナイテッド漁業とその市場が、ホノルル湾三八番桟橋に新設されたフィッシングビレッジに移転した。当時、この再開発を主導したベン・カエタノ州知事（在職一九九四―二〇〇二年）は、フィッシングビレッジを魚市場や水産物の卸売りだけでなく、シーフードレストランを設けて「地元の人々だけでなく観光客も集まる東京の築地のような場所にしたい」（Gonser）という構想を持っていた。

写真53　スイサン株式会社
この建物では2001年まで毎日鮮魚のセリが行われていたが、現在、その跡地はガランとしている。しかし左側の大木は幾度の津波を乗り越えて現在まで生き延びている。津田朋佳撮影。

この言葉のように、フィッシングビレッジは東京の築地市場を手本に造られたが、その規模は築地や豊洲市場とくらべものにならないほど小さい。しかし早くも開設二年後の二〇〇六年には、ハワイ全体の水揚げの七割以上がフィッシングビレッジの市場を通して、州内のみならずアメリカ本土や海外に輸出されるようになるなど、ハワイの水産業の中核としての地位を確立した（Hawaii Seafood Project, 2）。

ハワイ島ヒロの街でも、二〇世紀に入ると魚市場をめぐる大きな変化があった。ワイロア川の河口にあるスイサン株式会社のセリ市場は、長年、鮮魚仲買人や小売人だけでなく観光客も詰めかける街の名所となっていた。しかし、二〇世紀初頭に設立されて以来、度重なる津波被害を乗り越えてきたこの市場も、連邦食品医薬品局が定めたＨＡＣＣＰ（通称ハサップ、食品の製造工程における衛生、品質管理システム）プログラム違反を犯したと告発されると、二〇〇一年に営業を停止した（写真53）。

変化するハワイの魚食文化

今も昔もハワイの住民は魚をよく食べる。米本土と比較して、一人あたりの魚介類消費量は約三倍にものぼるという。もともとハワイ人は、おもにサンゴ礁や沿岸の魚を食べてきており、今でも最も多くの種類の魚を口にしている。また、マグロを食べる習慣をハワイに持ち込んだのは日本人と言われている。日系住民が刺身に適した赤身の魚を好むのに対して、中国系は蒸したり炒めたりするのに適した白身魚を好む傾向がある。白人はツナ缶など、加工された魚介類をよく食べるなど、エスニックグループによって、よく口にする魚介類の種類は異なる。

また新たに流入した移民によって魚食も変化してきた。たとえば現在、「ハワイ料理」の代表格とされるポキ（ポケ）は、キハダマグロやカツオなどの刺身（もしくは加工調理した貝

写真54　ポキ
スイサン株式会社直営の鮮魚店では、目の前の海で獲れたマグロなどを使用した新鮮なポキが売られている。長谷川葵撮影。

類やエビ）を一口大に切って、海藻やネギ、塩やゴマ油などとあえたものである（写真54）。ユナイテッド漁業の大谷明によると、戦前にはこのような食べ物は見当たらなかったというから、戦後に創作されたものであろう。また唐辛子をふんだんにまぶした「スパイシー」なポキや巻きずしもハワイではよく見かけるが、このようなメニューは韓国人が編み出したものかもしれない。

　新たな移民の流入に加えて、多くの観光客がハワイを訪れるようになると、白身魚、特にマヒマヒと呼ばれるシイラが、おもに本土からやってくる白人観光客の間で人気の食材となった。また地元住民の健康志向が高まるにつれて魚の消費が増え、一九六〇年代には安価な魚であったオノ（カマスサワラ）などの値段が急激に上がった。さらに日本式の刺身や鮨を食べる習慣が、次第に日系コミュニティを超えて広まった。一九七一年に二二歳でハワイにやってきた鮨職人の土屋《つちや》信夫《のぶお》によると、ハワイに来た当初、鮨を食べにくるお客はおもにハワイ在住の日本人と日系一世、二世であったが、やがて日本人に連れられた白人や本土からの観光客なども増えたため、土屋は「ハワイ風に鮨をアレンジして」提供した。

さらに二〇一〇年代に入ると、ハワイ風にアレンジしたものではない、本格的な高級江戸前鮨を提供する店が次々とハワイに誕生した。その背景には、二〇一三年に「和食　日本人の伝統的な食文化」がユネスコ無形文化遺産に登録されたことや、海外における和食ブームがある。ハワイで生まれ育ったバラク・オバマ大統領（在職二〇〇九―一七年）が二〇一四年に来日した際には、銀座の高級鮨店、「すきやばし次郎」で安倍晋三首相と会食したことが話題となった。舌の肥《こ》えた客を満足させるため、ハワイの高級鮨店では日本直送の魚を使用することが多い。そのようななかで、あえて地元の魚介類を中心に「ハワイ前」鮨を提供する中澤圭二《なかざわけいじ》の挑戦は、ハワイの海の新たな可能性を拓くものである（コラム参照）。

日本の海の民の痕跡

今日では漁船の性能の目覚ましい進歩や冷凍システムの向上などによって、日本からやってくる漁船は、ハワイ近海で獲った魚を満載してそのまま日本に戻る。そのため地元の同業者と交流する機会はほとんどない。そもそも、かつてはハワイの漁業を独占していたサンパン漁船の姿も今はない。

それでも、ハワイのそこかしこに、日本の海の民の痕跡が残っている。一九〇七年創業の

写真55　魚市場
ユナイテッド漁業が経営する魚市場では毎朝鮮魚のセリが行われている。筆者撮影。

スイサン株式会社は現在、食品総合商社として営業をつづけており、創業者の一人である松野亀蔵のひ孫、スティーブ・ウエダが社長として会社の舵取《かじと》りを任されている。またかつて何度も津波が襲いかかったワイロア川河口の社屋は、会社が経営する鮮魚店として、地元住民や観光客に近海の海の幸を届けている。そして松野亀蔵と同じく山口県沖家室島出身の大谷松治郎が設立したユナイテッド漁業の市場では、毎朝鮮魚のセリが行われている（写真55）。この会社が現在でもハワイにおける魚介類流通の要として機能していることは、前述の通りである。

戦前は漁民の妻が夫の漁獲物をプランテーションで売り歩く姿が見られたが、一九四〇年代後半から台頭してきたスーパーマーケットの出現によって、一九七〇年代後半にはライセンスを保持する行商人の数が一五人までに減少した（Garrod and Chong, 10–11）。しかし二一世紀に入ると、行商はかつてのバスケットや天秤棒《てんびんぼう》を担いで売り歩く姿から、トラックの荷台に鮮魚や野菜、肉などの食料品を積んで街中や郊外へ出向いて販売する形に姿を変えて、現在に引き継がれている。

ハワイの「こんぴらさん」にみる海の民の文化の変遷と新たな伝統の創出

海の安全を願う気持ちを受け止めてきた日本の海の神様たちもまた、健在である。ホノルルのハワイ金刀比羅神社は、一九四〇年代後半、存続そのものをかけた闘いとなった訴訟に勝って社殿を取り戻した。しかしその後の漁民人口の減少のため、財政難に苦しむようになった。そこでハワイ金刀比羅神社は、福岡県出身者の要請に応える形で、一九五二年に太宰府天満宮の分霊を船で運んできて、境内に新たに建立された社殿に祀った。その後、太宰府天満宮と香川県の金刀比羅宮から交代で神職がやってきたが、神社は「自分たちのもの」という意識を強く持つ地元のメンバーとトラブルが起きることもあった。

そのような経緯を経て、現在、愛知県出身の元商社マン、瀧澤昌彦《たきざわまさひこ》がハワイ金刀比羅神社・ハワイ太宰府天満宮の宮司を務めている。ハワイに駐在中に知り合った日系女性、イレーンと結婚すると、義母から同神社の神主になるよう懇願された。会社で一人に奉仕するよりもコミュニティのために働きたいと考えた瀧澤は会社を辞め、三重県伊勢市の皇学館大学に入学しなおして神職資格を取得した。

やがてハワイに戻り、一九九四年にハワイ金刀比羅神社・ハワイ太宰府天満宮の宮司と

写真56　お守り売り場
スーパーマーケットのように売られるお守り。ハワイならではの光景かもしれない。ハワイ金刀比羅神社・ハワイ太宰府天満宮所蔵。

なった瀧澤は、妻のイレーンと協力し合ってインターネットのホームページを作り、フリーペーパーにも神社の紹介を載せて宣伝をしただけでなく、当時のハワイでは子どもが着物を着て写真を撮るだけであった七五三の祈祷《きとう》をはじめた。

またキリスト教の教会の行事にならって、六月上旬の日曜日に「Pet Blessing（ペットお祓《はら》い）」と銘打《めいう》った、夏越祭《なごしさい》の茅《ち》の輪《わ》神事《しんじ》（半年間の汚《けが》れを祓い、残る半年間の無病息災《むびょうそくさい》を祈る行事）で飼い主がペットと一緒に茅の輪をくぐる行事をはじめたり、瀧澤自身が好きな酒にちなんで「Sake Appreciation Day（醸造感謝祭）」を開催したりするなど、一か月に一回は「何かをやる」。このような工夫の積み重ねによって、神社には現在も多くの参拝者が訪れる。

とりわけ神社がにぎわうのは元旦である。その日には餅二〇〇〇個を作って二〇〇〇杯の雑煮を参拝者に振る舞うが、参拝者は元旦だけでも約一万人にのぼる。そのため、地元の高校や大学の日本語クラスの学生に、ボランティアとして手伝ってもらい、あわせて日本文化を体験する機会を提供している。

またハワイで最初にお守りを作ったのがこの神社であるせいか、お守りは地元の参拝者の間で人気がある。正月には大勢の参拝者に対応するため、広い会場をいっぱいに使ってスーパーマーケットのようにお守りを並べ、「家内安全」や「縁結び」など、それぞれのお守りのご利益の説明書きを掲示して販売する(写真56)。支払いはクレジットカードでも可能である。そのため、なかには一時間以上もかけてお守り売り場をうろつき、品定めをする参拝者がいる。また初詣に訪れる人は日系人だけでなく、中国系やキリスト教徒など多様多彩である。なかでも毎年やってくるという三人の中国系女性は、毎回四〇〇ドル(約四万五〇〇〇円)分のお守りを購入する。友達や家族に配っているのであろうが、イレーンいわく、こうして彼女たちは「自分たちの新たな伝統」を作り上げているのである。

また正月だけでなく、日ごろも新生児のお宮参りなどには日系だけでなく、さまざまなエスニックグループの参拝者が、ハワイのみならずニューヨークやミネソタ、アリゾナなど全米からやってくる。きっかけはインターネットでの検索らしいが、瀧澤夫妻にも、わざわざ遠方から参拝者がやってくる理由がよくわからない。もしかしたら海の神様ということで普遍性があるため、エスニシティや宗教の壁を越えて、多くの人々に受け入れられるのかもしれない、とイレーンは考えている。

写真57　現在のこんぴらさん
鳥居をくぐった正面の社殿がハワイ金刀比羅神社、向かって左側の社殿がハワイ太宰府天満宮である。長谷川葵撮影。

日本では多分やらないという同性婚カップルの結婚式も行うという、ハワイの「こんぴらさん」の現在の活動は、戦前からずいぶんと変化したように見受けられる（写真57）。しかし今も昔も「こんぴらさん」は海の神様である。今日でも日本の遠洋漁船の乗組員や、米海軍との合同訓練のためにハワイに来る海上自衛隊関係者が、瀧澤に祝詞《のりと》をあげてもらうために神社を訪れ、船の写真を奉納する。またボートなどの船舶のお祓いを依頼してくるのは、日系人のみならず、さまざまな人種やエスニシティの地元住民である。

海をめぐる対話はつづく

このようなハワイの「こんぴらさん」の変遷は、日本の海の文化が次第にその枠組みを超え、やがて万人《ばんにん》にとっての「海の神様」へと変化していく過程を物語っている。このように、かつて日本の海の民が持ち込んだ文化や産業の仕組みは、百年以上もの時間をかけ、いろいろな人々との対話を通じて変化するものは変化し、残るものは残りつつ今日に至っている。その間、ハワイと日本の海にまつわる数多くのモノや知恵や知識、そして技術の交換が行われたが、それらの成果の多くは私たちの生活のなかにも生きている。関西のスーパーマーケットに並ぶカツオは、実は南紀に広まった、ハワイ人由来の「ケンケン漁」で獲られたものかもしれない。また日本からハワイを訪れる旅行者が口にするマグロは、かつて日本人が持ち込んだ延縄漁によって捕獲され、日本人が設立した流通システムを経て届けられた可能性が高い。

元年者がハワイへやってきて一五〇周年にあたる二〇一八年は、大阪府北部地震や西日本豪雨（平成三〇年七月豪雨）、度重なる台風の襲来や猛暑など、日本各地が多くの自然災害に苦しんだ年でもあった。瀬戸内海に浮かぶ怒和《ぬわ》島では、全校生徒六人という小さな小学校に通う幼い姉妹が、西日本豪雨による土砂崩れで亡くなった。それから十日もたたないうちに、この小学校にハワイから義捐金が送られてきた。これは二人の死を悼《いた》んだハワイの日系組織が中心となって集めたものである。怒和島のある愛媛県からも、かつて多くの人々がハワイへ渡って漁業に従事した。また怒和島のすぐそばには周防大島や沖家室島が横たわっており、これらの島の間では、人々の行き来が活発に行われてきた。

この島々をはじめ、日本各地からハワイへ渡った人々が現地の水産業を育てたことは、本書がこれまで述べてきた通りである。その人々の子孫が、今日では父祖の地で苦しむ被災者に心を寄せ、少しでも力になろうとしている。ハワイの海と日本の海が結んだ縁は、現在でも双方の人々によって大切に守られ、互いの間で交わされる対話は、世代を超えて新たな未来を紡ぎ出している。

コラム　中澤圭二の挑戦

海外における和食ブームの高まりとともに、築地市場（二〇一八年一〇月以降、豊洲市場に移転）をはじめ、日本国内で取引されるクロマグロなどの高級魚に世界中から注文が殺到し、魚価が高騰《こうとう》するようになった。このままでは日本の魚が世界の富裕層に持っていかれ、日本人が口にすることができなくなるのでは、という危機感を覚えた東京、四谷の有名鮨店、「すし匠」の主人、中澤圭二が二〇一六年にワイキキに開業した店のこだわりは、地元の食材である（写真58）。東京で数多くの食通をうならせてきた中澤がハワイで掲げる目標は、「世界中の魚でも江戸前の鮨になることを示してレベルを上げ、魚価を平準化する」ということである。

写真58　つけ台に立つ中澤圭二
ハワイと日本では気候や食材、漁法などが大きく異なる。しかしそれによって次々と降りかかる課題難題を、中澤はむしろ楽しんでいるかのような表情をしている。筆者撮影。

二〇一〇年代に入ると、ワイキキやニューヨークなどに高級江戸前鮨店が次々と誕生した。これらの店の自慢は、かつて土屋信夫が提供していたハワイ風の鮨の類《たぐ》いではなく、日本直送の魚を使用した、いわば銀座の鮨の再現である。その分、輸送にかかるコストが値段に上乗せされるため、ニューヨークの高級鮨店では一人前が五、六万円ほどすることも稀ではない。しかし中澤はハワイをはじめ、米本土西海岸などで獲れる魚の特性を詳細に研究したうえで、それらに伝統的な江戸前の技法（酢飯《すめし》に鮮魚を乗せる海鮮寿司と異なり、シャリに合わせてネタに塩や酢を当てたり熟成させたりするなどの「手当て」が入る）を施して、日本でも口にすることができない、「ハワイ前」とでも呼ぶべき新たな鮨を創り出している（写真59）。中澤によると、「日本のマグロは熟成すると酸が出るが、アメリカのマグロは酸が出ず味が薄い。そのため、アメリカのマグロはポキのような足し算の鮨に向いている」といった具合である。

中澤が求める食材の水準は極めて高く、時には地元の漁民や水産物流通業者に対して苛立《いらだ》ちを覚えることもある。旬《しゅん》を大事にせず、エビなどせっかく良いものが獲れても「ロスが出るからとさっさと冷凍してしまう」。また鮮度保持のため、「漁師さんに下氷《したごおり》（氷の上に魚を乗せること）してくれと頼んでも、三ヶ月で元に戻ってしまう」。さらにサンゴを餌にする天然もののカンパチやカワハギは毒を蓄積させているという理由で、店での提供が禁止されるなど、ハワイならではの制約も多い。それに加えて二〇一七年のドナルド・トランプ政権発足後、日本人一人を雇うごとにアメリカ人七人を雇わなければならなくなるなど、営業も決して楽ではない。

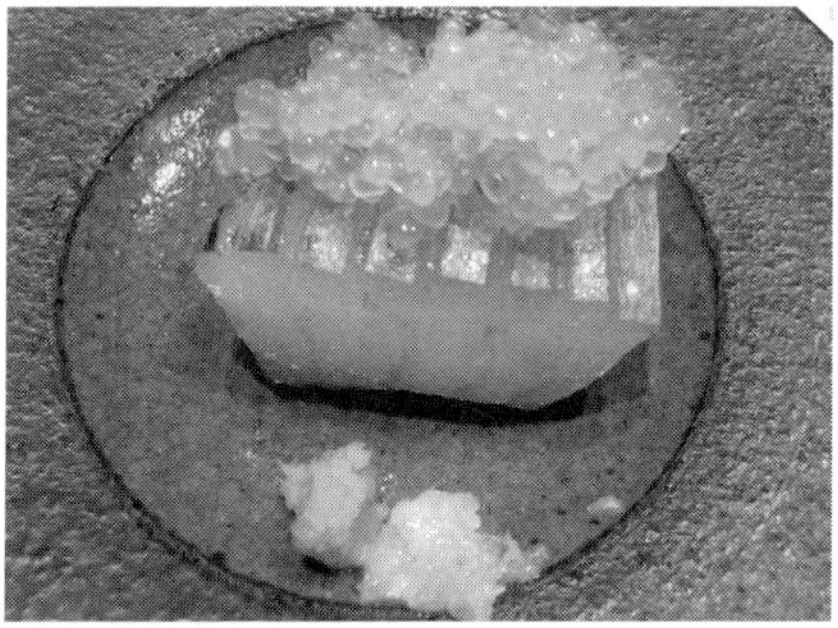

写真59　すし匠ハワイの一皿
これはハワイでオパと呼ばれる赤マンボウの肉を酒粕に漬けて焼き、その上にハワイ島でとれるフィンガーライムを乗せたもの。まさに江戸前の技法とハワイの食材のハイブリッドである。筆者撮影。

しかしそのような日々の葛藤が「快感」になることもある。そもそも築地など日本の水産物流通の現場にはプロの目利《めき》きが多い。そのため東京の鮨職人は不味《まず》いものを出す方が難しいほど恵まれている。またすべての魚が、それこそ季節ごとにブランド化されている日本では、逆に新たな食材を発見する余地もほとんどない。

その点、ハワイでは、たとえば昆布を食べないせいか磯の香がせず美味しくない（雑食で何でも食べる）ウニに、それこそマカデミアナッツでも食べさせて商品化したり、カウアイ島で日系人が作っているミネラル豊富な塩を利用して、キャビアの開発を考えてみたりするなど、新たな挑戦をする余地がいくらでもある。

このようなアイデアを次々と生み出す中澤が店のつけ台（もしくはつけ場。鮨屋のカウンターで鮨を握って客に出す場所のこと、かつて江戸前鮨職人がここで魚を漬けるなどの仕事を施したことからついた名前）に立つと、生姜の代わりにヤシの芽を用いたガリや、ハプープというハワイの深海魚など、日本ではお目にかからない食材を用いたメニューが次々に提供される。さらにハワイの伝統料理であるラウラウ（豚肉をバナナの葉などで包んで蒸し焼きにした料理）にヒントを得た、地元産アカマンボウのほほ肉をタロイモの葉で蒸したものや、青パパイヤを用いたかんぴょう巻き、そして、かつてハワイの王族しか食することができなかったというモイの飯鮨《いずし》（古い鮨の一種で、赤シャリにこうじを入れて三週間ほど漬け込んで作る）が登場する。中澤が次々と繰り出す鮨や料理は、ハワイと日本の食文化を融合させて創り出された、まさに「ハワイ前」の世界である。

こうして、ハワイにやってきて試行錯誤すること一年、中澤のもとに毎月のように通ってくる地元の常連客もできた。またこれまで多くの弟子を育ててきた中澤には、ハワイでも鮨職人を育てたいという気持ちがある。そのため地元の若者たちが店で働きながら、その仕事ぶりを学んでいる。さらに中澤は、ハワイの人々との日々の交流を通じて、ハワイの人は人間も自然も大切に守る、ということを感じ取っている。「こっちの漁師さんから言われたのだけれど、産卵後の魚は使わないというのはとても日本的だ」。この言葉は、かつてハワイ人たちが産卵期のカツオ漁を禁じるなど、現代でも十分に通用する持続可能な漁業を、何世紀にも渡って実践していたことを思い起こさせる。

こうしてハワイの海や山の幸、そして人々と日々対話をし、その可能性を最大限に引き出そうと努める中澤の試みは、ハワイの水産業の水準を最高のレベルに引き上げる可能性を秘めている。と同時に、日本の和食文化とハワイの食文化が融合することによって、双方の海や山の豊かさを再発見するきっかけをわれわれに与えてくれる。今後の中澤の活躍に期待したい。

あとがき

本書はハワイに少しでも関心を持っている大学生や高校生、そして広く一般の方々に、日本とハワイの間の、海をめぐる対話を知ってほしいと願いながら書いたものです。本書が誕生するきっかけとなったのは、塙書房の寺島正行さんからハワイに関する本を書かないかと声をかけていただいたことでした。

これまで私が世に送り出してきた書籍はいずれも、学術書としての性格が強かったため、そもそもハワイがいつ、どうしてアメリカ合衆国の一部になったのかといった、ハワイ研究者にとって「当たり前」でも、ハワイのことをよく知らない一般の読者にとって疑問が残る事例についての説明は省いていいます。そこで本書ではもう一度初心に戻って、自分のこれまでの研究を見直しながら執筆を進めることにしました。

もっとも、従来の研究をまとめただけではつまらないので、私が現在進行形で追究している新しい研究テーマの成果も、本書のあちこちに散りばめてあります。また、これは当たり前のことですが、ハワイの海は昔も今も日本の海の民の専有物ではありません。人類史上最高の海の民であるハワイ人をはじめ、さまざまな人種やエスニシティの人々もまた、ハワイの海の文化を作り上げてきました。そのため本書では、日本の海の民以外にもいろいろな人々が登場していますが、それでも十分とは言えません。私の知見不足をここで白状するとともに、これからはもっと多くの英知がハワイの海に着目して研究がより広がり、かつ深まることを願ってやみません。

ハワイ関連の本を書くとき、私はこれまでいつも、あとがきで前任校である水産大学校（現国立研究開発法人水産研究・教育機構　水産大学校）の同僚や教え子たちのことを記してきました。着任するまで海とまったく縁のない生活を送っていた私にとって、水産大学校で勤務した六年間は、世の中にlandscapeと異なるseascapeというものがあることを気づかせてくれる、かけがえのない時間でした。繰り返しになりますが、三木奈都子先生、三輪千年先生、板倉信明先生、須田有輔先生、練習船耕洋丸の船舶職員、そしてかつて俊鶻丸に乗り組んでいた卒業生の皆様をはじめ、水産大学校で「海に遊び、海に学ぶ」を実践していた教え子たちに、改めて感謝申し上げます。

現在の勤務先である立命館大学には、二〇一二年の春からお世話になっています。毎日潮風をあびながら過ごしていた下関での日々から一転、今度は山とお寺と神社に囲まれた由緒ある街、京都で生活するようになった私ですが、それでも日常生活を送るなかで時折「海の香」を感じることがあります。今、この稿を書いている前日に、私は札幌市の「北海道開拓の村」を訪ね、そこに保存されている「ニシン御殿（旧青山家漁家住宅）」を見学しました。まるで城郭建築を思わせるような豪壮な母屋《おもや》の囲炉裏端で、ボランティアガイドをしている地元の方とお話しをしていると、「京都から来た人にご馳走しようと思ってニシンそばをすすめたら、それは京都の名物だと笑われた」というエピソードが飛び出しました。

その通りなのです。昔から北の海で捕獲されたニシンは北前船に乗って、京の都まで届けられていました。若狭（福井県）のサバもまた然《しか》り。「京は遠ても一八里」と若狭では言うそうですが、行商人が背負ったとされるサバの重量はなかなかなもので、これを担いで若狭から京の都まで、山道だらけの鯖街道を往来した昔の行商人の苦労がしのばれます。また少なからぬ行商人が女性であったというから、これまた驚きです。

このような鯖街道を訪ねるドライブ（本来はサバを担いで歩くべきですね）をはじめ、山口県周防大島町や沖家室島を訪ねる旅には、何人もの立命館大学文学部の学生たちが同行してくれました。一人で車を走らせていると、つい眠気との闘いになってしまいますが、学生たちと語らいながらのドライブは楽しく、実りある旅となりました。また日常の授業、とりわけハワイの歴史と文化を集中的に取り上げた「国際コミュニケーション特殊講義」の受講生とのやりとりは刺激的で、自分の頭のなかにあるモヤっとしたアイデアを言語化し、系統立てて説明するうちに、ハワイや日本についての再発見につながることが多かったのです。

なかでも津田朋佳さんと長谷川葵さんは、私のハワイでの調査に自費で付き合ってくれました。ろくに観光もせず、毎日朝から晩までとんでもない距離を車で走りまわって、関係者のお話をうかがったり写真撮影をしたりするという強行軍でしたが、二人とも文句も言わず、終始笑顔で立派に私の助手を務めてくれました。本書には二人が撮影した写真が何枚も登場しますが、これは彼女たちの頑張りの賜物でもあります。帰国してからも拙稿のすみずみにまで目を通しては、より良い本にするための貴重なアドバイスをたくさんくれました。教えることは教わることだとつくづく思います。ありがとう。

教え子といえばもう一人、二〇一六年の四月に立命館大学文学部に入学し、私の教室にやってきた道産子の浅井純渚さんも忘れられません。北海道にはない梅雨がはじまったかな、という同年六月に天国に行ってしまったけれど、その時以来、ずっと私の研究を応援しつづけてくれている純渚さんのご両親、浅井真一郎さんと悦子さんに、心からお礼を申し上げます。

海の民の研究をはじめてそろそろ十年にもなります。その間、多くの方々に研究を支えてもらいました。学界ではとりわけ上智大学の飯島真里子先生、亜細亜大学の今野裕子先生、阪南大学の守屋友江先生、同志社大学の物部ひろみ先生、関西学院大学の田中きく代先生、立命館大学の同僚である森永貴子先生とは、国際学会や研究会、特別講演などでご一緒し、研究に関する貴重な助言をいただく機会に恵まれました。また本書は、日本学術振興会科学研究費助成事業基盤研究（C）「ハワイを中核とした中部太平洋海域における日系水産業の歴史的研究」（研究代表者小川真和子、課題番号 JP18K01052）を受けて行った研究の一部です。本研究の成果をできるだけ多くの方々と共有できれば幸いです。

さらに私の研究で忘れてはならないのが、沖家室島の新山玄雄伯清寺住職です。そもそも私の研究は、伯清寺を訪ねて『かむろ』を閲覧させていただいたことからはじまりました。その後も島での講演に呼んでくださったり、新山さんの母校でもある立命館大学での私の講演に駆けつけてくださったりと、新山さんは終始、私の研究活動を見守ってくださっています。

また沖縄ではいつも私を歓迎してくださる伊禮宙未さんとそのご家族、小橋川美那弥さんとそのご家族、糸満方言の通訳をしてくださった新垣かおるさん、ハワイに関する貴重なお話の宝庫である糸満のラッキー交通関係者の皆様、有意義な情報を提供してくださった船大工の上原謙さん、糸満市教育委員会の加島由美子さん、いつも沖縄の獲れたてのモズクを京都に送ってくださる平安座の安次富保さん、そのほか、私のインタビューに応じ、当時の写真を見せてくださった沖縄の皆様に心からお礼申し上げます。沖縄からハワイへ渡った漁業研修生について、これまで学界ではまったくと言っていいほど知られていませんでした。先行研究が皆無という、とても難しい研究を進めるにあたって、その貴重な「突破口」となってくれたのが皆様でした。

私は東京生まれですが、小学校から高校を卒業するまで三重県で過ごしました。本書の執筆を通して、故郷である三重県の海とハワイの海の間で、真珠の養殖をめぐる対話があったことを知りました。そのことを物語る貴重な資料を快く提供してくださった御木本真珠島真珠博物館の松月清郎館長、柴原昇さんに感謝申し上げます。

そしてハワイでは、ユナイテッド漁業の大谷明社長をはじめ社員および大谷家の皆様、ハワイ家室会の皆様、私が学生のころからお世話になっているハワイ出雲大社の天野大也宮司、訪問するたびに大歓迎してくださるハワイ金刀比羅神社・ハワイ太宰府天満宮の瀧澤昌彦宮司と奥様のイレーンさん、私が「助手」である津田さん、長谷川さんをともなって訪ねたときに、日本の貴重なお茶とお菓子でもてなしてくださったヒロ大神宮の堀田尚宏宮司、ハワイを訪問するたびにいつも獲れたてのハワイの海の幸で歓迎してくださった仲島宏至さんや、私がホノルルの住民だったころ、まさか将来、研究することになるとは夢にも思わず、一人の客としてよく店自慢の「ポキ」を買っていた仲島フィッシュマーケットの仲島たけこさん、皆様が私に語ってくださったお話はとても貴重で、興味深いものでした。

ハワイの海にまつわる昔のお話を聞かせていただく機会は、残念ながら年月を重ねるごとに減ってきています。なかでも戦時中の日本で体験した苦悩や戦後の市民権を取り戻すための闘いについて、かつて私に静かに語ってくれた清水静枝さんは二〇一四年に、また今は火事で焼失してしまったヒロのスイサン株式会社のオフィスで、壁にかかった沖家室島の写真を背にお話しをきかせてくださったレックス松野さんは二〇一七年に、それぞれ逝去されました。このお二人の人生はまさに、海の民の人生の縮図のようです。そのお二人の歩みが本書のなかで少しでも記録できていればと願うばかりです。

本書を執筆中、病に伏せていた私の父の容体が悪化しました。そのような時にハワイで開催された「元年者シンポジウム」に出席した私ですが、余命いくばくもない親を置いてハワイへ向かう私の背中を押し、滞在中も終始、あたたかい励ましの声を京都から届けてくれたのは、津田朋佳さんの母親であり、京都の生活や習慣について市民としての立場からいつもいろいろなことを教えてくれる津田恵美さんでした。

最後に、娘の心の葛藤を見透かしていたのか、病床からカメラに向かって笑顔のピースサインを向け、それをハワイの私に届けてくれた父、小川眞一郎へ。ハワイから戻ってしばらくして、本書の出版を見届けることなく天国へ行ってしまったけれど、私の父でいてくれてありがとう。

二〇一八年一〇月二九日　北海道・千歳空港から伊丹空港へ向かう機中にて

小川真和子

参考・引用文献

序

「ハワイ日系人の民謡ホレホレ節」アメリカンフォークソング資料保存プロジェクト　立命館大学アートリサーチセンター。www.arc.ritsumei.ac.jp/folksong/multiculture/009.htm/（二〇一九年四月二三日取得）
Ogawa, Dennis M. *Kodomo no tame ni : For the Sake of the Children.* University of Hawaiʻi Press, 1978.

Ⅰ

『かむろ』

『日布時事』

『布哇殖民新聞』

『布哇報知』

安藤精一「紀州加太領民の関東出漁」安藤精一編『和歌山の研究　第三巻　近世・近代』清文堂出版、一九八七年。

印東道子「大海原への植民　考古学からみたオセアニア文化」国立民族学博物館編『オセアニア　海の大移動』昭和堂、二〇〇七年。

小川平『アラフラ海の真珠』あゆみ出版、一九七六年。

河岡武春『海の民　漁村の歴史と民族』平凡社、一九八七年。

後藤明「ハワイ日系移民の漁具と南紀地方のケンケン漁法——移民をめぐる民具研究」『民具研究』八四号、一九八九年一一月、一—六頁。

……「ハワイ帰りの紀州漁師」後藤明ほか編著『ハワイ研究への招待——フィールドワークから見える新しいハワイ像』関西学院大学出版会、二〇〇四年。

清水昭編『紀南の人々の海外体験記録1』私家版、一九九三年。

……『紀南の人々の海外体験記録2』私家版、一九九三年。

……『紀南の人々の海外体験記録3』私家版、一九九三年。

瀬川清子『海女』未来社、一九七〇年。

……『販女　女性と商業』未来社、一九七一年。

拙著『海の民のハワイ　ハワイの水産業を開拓した日本人の社会史』人文書院、二〇一七年。

相賀安太郎『五十年間のハワイ回顧』五十年間のハワイ回顧刊行会、一九五三年。

田島佳也「北の海に向かった紀州商人—栖原角兵衛家の事跡」網野善彦編『日本海と北国文化』小学館、一九九〇年。

日布時事社『官約日本移民布哇渡航五十年記念誌』日布時事社、一九三五年。

野地恒有『漁民の世界「海洋性」で見る日本』講談社、二〇〇八年。

泊清寺編『かむろ復刻版1』みずのわ出版、二〇〇一年。

……『かむろ復刻版2』みずのわ出版、二〇〇二年。

……『かむろ復刻版3』みずのわ出版、二〇〇二年。

布哇新報社『布哇日本人年鑑』布哇新報社、一九二一年。

ハワイ日本人移民史刊行委員会編『ハワイ日本人移民史』布哇日系人連絡協会、一九六四年。

布哇和歌山県人会編『復活十五周年記念誌』布哇和歌山県人会、一九六三年。

広島市編『新修広島市史　第3巻社会経済編』広島市役所、一九五九年。
三尾裕子「内海の漁民と島々の生活史」網野善彦他編『瀬戸内の海人文化』小学館、一九九一年。
宮本常一『対馬漁業史』未来社、一九八三年。
森本孝『東和町史　各論第三巻漁業誌』山口県大島郡東和町役場、一九八六年。
森本孝、須藤護、新山玄雄『沖家室　瀬戸内海の釣漁の島』みずのわ出版、二〇〇六年。
吉田敬市『朝鮮水産開発史』朝水会、一九五四年。
和歌山県編『和歌山県移民史』和歌山県、一九五七年。
Clark, John R. K. *Guardian of the Sea：Jizo in Hawai'i*. Honolulu：University of Hawai'i Press, 2007.
Cobb, John N. "The Commercial Fisheries of the Hawaiian Islands in 1903." Department of Commerce and Labor, Bureau of Fisheries. Washington, DC：Government Printing Office, 1905.
D'Arcy, Paul. *The People of the Sea：Environment, Identity, and History in Oceania*. University of Hawai'i Press, 2006.
Jenkins, Oliver P. "Report on Collection of Fishes Made in the Hawaiian Island, with Description of New Species." Washington, DC：Government Printing Office, 1903.
Kahā'uleio, Daniel. *Ka'Oihana Lawai'a'：Hawaiian Fishing Traditions*. Honolulu：Bishop Museum Press, 2006.
Mau, Moke. *Hawaiian Fishing Traditions*. Honolulu：Kalamakū Press, 2006.
Rosenthal, Gregory. *Beyond Hawai'i：Native Labor in the Pacific World*. Oakland, University of California Press, 2018.
"The 1897 Petition Against the Annexation of Hawaii." National Archives. https：//www.archives.gov/education/lessons/hawaii-petition（二〇一八年四月二三日取得）

Ⅱ

アメリカ国立公文書館（National Archives and Records Administration at College Park）Record Group（本文中 RG）126.

ハワイ州立公文書館所蔵文書（Hawai'i State Archives.）

御木本真珠島真珠博物館所蔵文書

『日布時事』

『日布時事布哇年鑑』

『布哇殖民新聞』

『布哇報知』

Pacific Commercial Advertiser

揚野貫三郎「布哇の漁業を論ず」布哇報知『布哇日本人実業紹介誌』布哇報知、一九四一年。

大谷明　筆者によるインタビュー、ホノルルにて、二〇〇七年九月四日。

大谷松治郎「日系漁業会社の変遷を語る」『布哇タイムス創刊六十周年記念号―9』一九五五年一〇月一日。

……『わが人となりし足跡―八十年の回顧』大谷商会、一九七一年。

小野寺徳次編『ホノルル日本人商業会議所年報』ホノルル日本人商業会議所、一九二二年。

すさみ町誌編さん委員会編『すさみ町誌下巻』和歌山県西牟婁郡すさみ町、一九七八年。

拙著『海の民のハワイ　ハワイの水産業を開拓した日本人の社会史』人文書院、二〇一七年。

相賀安太郎『鐵柵生活』布哇タイムス、一九四八年。

タサカ、ジャック・Y.「ハワイと和歌山県人」『太平洋学会誌』三一号、一九八六年七月、五二―七二頁。

泊清寺編『かむろ復刻版1』みずのわ出版、二〇〇一年。

……『かむろ復刻版2』みずのわ出版、二〇〇二年。
……『かむろ復刻版3』みずのわ出版、二〇〇二年。
布哇新報社『布哇日本人年鑑』布哇新報社、一九二四年。
船井テルオ　筆者によるインタビュー、ホノルルにて、二〇〇八年三月三日。
松本生「ハワイの食糧問題と水産学校の設立」布哇報知『布哇日本人実業紹介誌』布哇報知、一九四一年。
山田篤美『真珠の世界史　富と野望の五千年』中公新書、二〇一三年。
和歌山県編『和歌山県移民史』和歌山県、一九五七年。
Clark, John R. K. *Guardian of the Sea : Jizo in Hawai'i*. Honolulu : University of Hawai'i Press, 2007.
Goto, Hisao, Kazuo Shinoto, and Alexander Spoehr. "Craft History and the Merging of Tool Traditions : Carpenters of Japanese Ancestry in Hawaii," *Hawaiian Journal of History* 17 (1983) : 156–184.
Hamamoto, H. "The Fishing Industry of Hawaii ". BA thesis, University of Hawai'i, 1928.
Hooper, Paul. *Elusive Destiny : The Internationalist Movement in Modern Hawai'i*. Honolulu : University of Hawai'i Press, 1980.
Konishi, Owen K. "Fishing Industry of Hawaii with Special Reference to Labor." Honolulu : University of Hawai'i Reports of Students in Economics and Business, 1930.
Markrich, Mike. "Fishing for Life." In *Kanyaku Imin : A Hundred Years of Japanese Life in Hawaii*, edited by Leonard Lueras. 142–143. Honolulu : International Savings and Loan Association, 1985.
McEvoy, Arthur F. *The Fisherman's Problem : Ecology and Law in the California Fisheries, 1850–1980*. Cambridge : Cambridge University Press, 1986.
Lydon, Sandy. *The Japanese in the Monterey Bay Region : A Brief History*. Capitola, CA : Capitola, 1997.

Tilburg, Hans Konrad Van. “Vessels of Exchange : The Global Shipwright in the Pacific.” In *Seascapes : Maritime Histories, Littoral Cultures, and Transoceanic Exchanges*, edited by Jerry H. Bentley, Renate Bridenthal, and Kären Wigen. 38–52. Honolulu : University of Hawaiʻi Press, 2007.

Ⅲ

『かむろ』

『日布時事』

『布哇殖民新聞』

『馬哇新聞』

飯田耕二郎『ハワイ日系人の歴史地理』ナカニシヤ出版、二〇〇三年。

大谷明　筆者によるインタビュー、ホノルルにて、二〇〇八年三月三日。

大谷ナンシー、大谷エヴィリン　筆者によるインタビュー、ホノルルにて、二〇〇七年九月四日。

大谷松治郎『わが人となりし足跡―八十年の回顧』大谷商会、一九七一年。

河岡武春『海の民　漁村の歴史と民族』平凡社、一九八七年。

川上雅之『広島太田川デルタの漁業史　第一編』たくみ出版、一九七六年。

佐藤祐香「日米の移民政策における「写真花嫁」の位置づけ」『東西南北2015』、二〇一五年、二一七―二三三頁。

清水久男、清水静枝　筆者によるインタビュー、ホノルル市内にて、二〇〇八年三月三日。

拙著『海の民のハワイ　ハワイの水産業を開拓した日本人の社会史』人文書院、二〇一七年。

中村ひろ子「販女：行商の発展」河岡武春編『講座日本の民俗5生業』有精堂、一九八〇年。

布哇新報社『布哇日本人年鑑』布哇新報社、一九二四年。

船井テルオ　筆者によるインタビュー、ホノルル市内にて、二〇〇八年三月三日。

前田孝和『ハワイの神社史』大明堂、一九九九年。
三尾裕子「内海の漁民と島々の生活史」網野善彦他編『瀬戸内の海人文化』小学館、一九九一年。
宮本常一『周防大島を中心としたる海の生活誌』未来社、一九九四年。
矢口祐人『ハワイの歴史と文化　悲劇と誇りのモザイクの中で』中公新書、二〇〇二年。
柳沢幾美「『写真花嫁』は『夫の奴隷だったのか』―『写真花嫁』たちの語りを中心に」島田法子編『写真花嫁・戦争花嫁のたどった道―女性移民史の発掘』明石書店、二〇〇九年。
Clark, John R. K. *Guardian of the Sea : Jizo in Hawai'i*. Honolulu : University of Hawai'i Press, 2007.
Erickson, Ethel. "Earnings and Hours in Hawaii Woman-Employing Industries," Bulletin of the Women's Bureau. Washington, DC : US Government Printing Office, 1940.
Ethnic Studies Oral History Project, Ethnic Studies Program, "Tsuru Yamauchi." In *Uchinanchu : A History of Okinawans in Hawaii*. Honolulu : University of Hawai'i at Manoa, 1981.
Kodama-Nishimoto, Michi, Warren S. Nishimoto, and Cynthia A. Oshiro, eds. *Hanahana : An Oral History Anthology of Hawaii's Working People*. Ethnic Studies Oral History Project. Honolulu : University of Hawai'i at Manoa, 1984.
Okihiro, Gary Y. *Cane Fires : The Anti-Japanese Movement in Hawai'i, 1865–1945*. Philadelphia : Temple University Press, 1991.
Peterson, Susan Blackmore. "Decisions in a Market : A Study of the Honolulu Fish Auction." PhD diss., University of Hawai'i.

Ⅳ

アメリカ国立公文書館 RG126, RG494.
ハワイ州立公文書館所蔵文書。

University of Hawai'i at Manoa, Hawaii War Records Depository.（本文中 HWRD）

『日布時事』

『日布時事布哇年鑑』

Hawai'i Herald.

大谷エヴィリン　筆者によるインタビュー、ホノルルにて、二〇〇七年九月四日。

大谷松治郎『わが人となりし足跡―八十年の回顧』大谷商会、一九七一年。

貴多勝吉「我が父を語る」布哇和歌山県人会編『復活十五周年記念誌』布哇和歌山県人会、一九六三年。

貴多ドナルド　筆者によるインタビュー、ホノルルにて、二〇〇八年九月九日。

島田法子『戦争と移民の社会史　ハワイ日系アメリカ人の太平洋戦争』現代資料出版、二〇〇四年。

清水昭編『紀南の人々の海外体験記録1』、私家版、一九九三年。

清水静枝　筆者によるインタビュー、ホノルルにて、二〇〇八年三月四日。

すさみ町誌編さん委員会編『すさみ町誌下巻』和歌山県西牟婁郡すさみ町、一九七八年。

拙稿「太平洋戦争中のハワイにおける日系人強制収容―消された過去を追って―」『立命館言語文化研究』二五巻一号、二〇一三年一〇月、一〇五―一一八頁。

拙稿「ハワイ準州における対日本人漁業政策―1930年代から40年代を中心に」『地域漁業研究』五六巻一号、二〇一五年一〇月、八七―一一八頁。

拙著『海の民のハワイ　ハワイの水産業を開拓した日本人の社会史』人文書院、二〇一七年。

布哇新報社『ハワイ日本人年鑑』ハワイ新報社、一九三三―一九三四年。

ハワイ日本人移民史刊行委員会編『ハワイ日本人移民史』布哇日系人連合協会、一九六四年。

布哇和歌山県人会編『復活十五周年記念誌』布哇和歌山県人会、一九六三年。

松野レックス・ヨシオ　筆者によるインタビュー、ヒロにて、二〇〇八年九月五日。

Bell, Frank and Elmer Higgins, "A Plan for the Development of the Hawaiian Fisheries." November 15, 1938, NARA, RG126, E1, Box680.

Burton, Jeffrey R. and Mary M. Farrell. *World War II Japanese American Internment Sites in Hawai'i*. Honolulu : Japanese Cultural Center of Hawai'i, 2007.

Iwashita, T. T. "Development and Design of the Hawaiian Fishing Sampans." The Hawaii Section of the Society of Naval Archives and Marine Engineers. January 1956.

Okihiro, Gary Y. *Cane Fires : The Anti-Japanese Movement in Hawai'i, 1865–1945*. Philadelphia : Temple University Press, 1991.

V

アメリカ国立公文書館 RG22, RG126, RG331.

沖縄県立公文書館所蔵文書。

ハワイ州立公文書館所蔵文書。

『布哇タイムス』

『琉球新報』

Honolulu Advertiser

Honolulu Star Bulletin

安次富保　筆者によるインタビュー、うるま市平安座にて、二〇〇九年八月二九日、三〇日。

安次昌代　筆者によるインタビュー、うるま市平安座にて、二〇〇九年八月二九日、三〇日。

市川英雄『糸満漁業の展開構造―沖縄・奄美を中心として』沖縄タイムス社、二〇〇九年。

伊藤ヒサシ　筆者によるインタビュー、ホノルルにて、二〇一二年九月五日。
伊藤博文　筆者によるインタビュー、ホノルルにて、二〇〇九年九月三〇日。
上原謙　筆者によるインタビュー、糸満市にて、二〇〇九年三月七日。
上原徳三郎　筆者によるインタビュー、糸満市にて、二〇〇八年九月二八日。
大谷明　筆者によるインタビュー、ホノルルにて、二〇〇七年九月四日。
大谷松治郎『わが人となりし足跡　八十年の回顧』大谷商会、一九七一年。
岡野宣勝「占領者と非占領者のはざまを生きる移民―アメリカの沖縄統治政策とハワイのオキナワ人」『移民研究年報』一三号、二〇〇七年三月、三―二二頁。
翁長幸和　筆者によるインタビュー、糸満市にて、二〇〇八年九月二五日。
貴多ドナルド　筆者によるインタビュー、ホノルルにて、二〇〇八年九月九日。
金城成徳　筆者によるインタビュー、糸満市にて、二〇〇九年八月二九日。
金城勝　筆者によるインタビュー、糸満市にて、二〇一〇年六月一七日。
公益財団法人第五福竜丸平和協会編『第五福竜丸は航海中　ビキニ水爆被災事件と被ばく漁船60年の記録』公益財団法人第五福竜丸平和協会、二〇一四年。
後藤フランク　筆者によるインタビュー、ホノルルにて、二〇〇八年九月四日。
島田法子『戦争と移民の社会史　ハワイ日系アメリカ人の太平洋戦争』現代史料出版、二〇〇四年。
清水静枝　筆者によるインタビュー、ホノルルにて、二〇〇八年三月三日、四日。
清水久男　筆者によるインタビュー、ホノルルにて、二〇〇八年三月三日。
新垣かおる　筆者によるインタビュー、糸満市にて、二〇〇九年三月七日。
拙著『海の民のハワイ　ハワイの水産業を開拓した日本人の社会史』人文書院、二〇一七年。

総務局渉外課「沖縄に援助協力をしたるハワイ関係の主な資料」、一九七〇年一二月八日、沖縄県立公文書館所蔵文書。
田川英生　筆者へのメール、二〇〇九年一二月一四日。
玉城清　筆者によるインタビュー、糸満市にて、二〇〇八年九月二三日。
仲島宏至　筆者によるインタビュー、ホノルルにて、二〇〇八年九月九日。
ハワイ日本人移民史刊行委員会編『ハワイ日本人移民史』布哇日系人連合協会、一九六四年。
前田孝和『ハワイの神社史』大明堂、一九九九年。
宮城真得　筆者によるインタビュー、糸満市にて、二〇一〇年六月一六日。
宮城チヨ　筆者によるインタビュー、糸満市にて、二〇一〇年六月一六日。

Adaniya, Ruth. "United Okinawan Association of Hawaii." In *Uchinanchu : A History of Okinawans in Hawaii*, edited by Ethnic Studies Oral History Project, Ethnic Studies Program, University of Hawaii, 324–336. Honolulu : Ethnic Studies Program, University of Hawai'i at Manoa, 1981.

Brock, Vernon E. "A Proposed Program for Hawaiian Fisheries." *Hawaii Marine Laboratory Technical Report* no. 6. (February 1965).

Ethnic Studies Oral History Project, Ethnic Studies Program, ed. *Uchinanchu : A History of Okinawans in Hawaii*. Honolulu : University of Hawai'i at Manoa, 1981.

Garrod, P. V. and K. C. Chong, *The Fresh Fish Market in Hawaii*. Honolulu : Hawaii Agricultural Experiment Station, College of Tropical Agriculture, University of Hawai'i, June 1978.

Kawamoto, Kurt E., Russel Y. Ito, Raymond P. Clarke, and Alison A. Chun. "Status of the Tuna Longline Fishery in Hawaii, 1987–88." Southwest Fisheries Center Administrative Report. Honolulu : National Marine Fisheries Service 1989.

Sivasundaram, Sujit. "Science." In David Armitage and Alison Bashford, eds. *Pacific Histories : Ocean, Land, People.* Hampshire : Palgrave Macmillan, 2014.

結

『愛媛新聞』
後藤フランク　筆者によるインタビュー、ホノルルにて、二〇〇八年九月四日。
拙著『海の民のハワイ　ハワイの水産業を開拓した日本人の社会史』人文書院、二〇一七年。
瀧澤昌彦　筆者によるインタビュー、ホノルルにて、二〇一五年三月一三日。
瀧澤昌彦　瀧澤イレーン・イサ　筆者によるインタビュー、ホノルルにて、二〇一八年三月一二日。
中国新聞社『移民』中国新聞社、一九九二年。
土屋信夫　筆者によるインタビュー、ホノルルにて、二〇〇八年九月一五日。
仲島たけこ　筆者によるインタビュー、ホノルルにて、二〇〇九年一〇月三日。
仲島宏至　筆者によるインタビュー、ホノルルにて、二〇〇八年九月九日。
仲島リサ　筆者によるインタビュー、ホノルルにて、二〇〇九年一〇月三日。
Division of Fish and Game, Department of Land and Natural Resources, State of Hawai'i, *Executive Summary of the Hawaii Coastal Zone Fisheries Management Study*. 1979.
Garrod, P. V. and K. C. Chong, *The Fresh Fish Market in Hawaii*. Honolulu : Hawaii Agricultural Experiment Station, College of Tropical Agriculture, University of Hawai'i, 1978.
Gonser, James. "Fish Auction Set to Move."
http : //the.honoluluadvertiser.com/article/2004/Jul/06/ln/ln10a.html
（二〇一六年一一月二九日取得）

Hawaii Seafood Project. *The Hawaii Fishing and Seafood Industry*. Honolulu： National Oceanic and Atmospheric Administration, 2007.

Peterson, Susan Blackmore. "Discussions in a Market： A Study of the Honolulu Fish Auction." Ph.D. diss., University of Hawai'i, 1973.

Pooley, Samuel G. "Hawaii's Marine Fisheries." Ethnic Studies Community Conference Papers. May 20, 1995.

Takenaka, Brooks. And Leonard Torricer. *Trend in the Market for Mahimahi and Ono in Hawaii*. Honolulu： NOAA, 1984.

コラム―ハワイの海の神様を訪ねて

天野大也　筆者によるインタビュー、ホノルルにて、二〇一八年三月一二日。

瀧澤昌彦　瀧澤イレーン・イサ　筆者によるインタビュー、ホノルルにて、二〇一八年三月一二日。

堀田尚宏　筆者によるインタビュー、ヒロにて、二〇一八年三月八日。

コラム―ハワイの強制収容所

拙稿「太平洋戦争中のハワイにおける日系人強制収容―消された過去を追って―」『立命館言語文化研究』二五巻一号、二〇一三年一〇月、一〇五―一一八頁。

Falgout, Suzanne, and Linda Nishigaya, eds. *Breaking the Silence： Lessons of Democracy and Social Justice from the World War II Honolulu Internment and POW Camp in Hawai'i*. Honolulu： University of Hawai'i at Mānoa, 2014.

Japanese Culture Center of Hawai'i. "Hawai'i Internee Directory."
https：//interneedirectory.jcch.com/（二〇一八年九月一九日取得）

コラム―中澤圭二の挑戦

中澤圭二　筆者によるインタビュー、ホノルルにて、二〇一七年九月六日、二〇一八年三月一三日。

本書に関連するおもなできごと

八〇〇－一〇〇〇年ころ（平安時代）マルケサス諸島やサモアから人類がハワイ諸島に到達し、やがて定住する。

一七七八年	クック、ハワイ諸島に到達。当時ハワイ諸島には約二〇－五〇万人のハワイ人が居住していた。
一八一〇年	カメハメハ、ハワイ王国樹立を宣言。
一八三〇年	このころ、中国からハワイへの移民がはじまる。
一八四〇年	このころ、ハワイにおける捕鯨が最盛期を迎える。
一八四八年	マヘレ法（グレートマヘレ法）によって土地の私有と分割が進み、これ以降、ハワイではアフプアアによる自給自足の生活が崩壊しはじめる。
一八四九年	ハワイ人人口、約八万人まで激減。
一八五〇年	ハワイ王国、外国人による土地所有を認める。これ以降、外国人によるハワイの土地所有が進む。
一八六八年	（明治元年）元年者がハワイへ向けて横浜港を出発する。
一八七七年	このころ以降南紀からオーストラリアの木曜島などに出漁し、真珠貝潜水漁に従事する者が増加。
一八七八年	このころポルトガルのアゾレス諸島やマデイラ諸島からハワイへの移民がはじまる。
一八七九年	沖家室島の漁民、朝鮮海域へ出漁開始。 琉球処分によって沖縄県が設置される。

一八八一年　カラカウア王、日本を訪問。この時、明治政府との間で官約移民開始の条約を結ぶ。
一八八五年　官約移民開始。
一八八七年　銃剣憲法により、ハワイ王国の王権が制限され、多くのハワイ人の参政権が失われる。
一八九一年　カラカウア王逝去。妹のリリウオカラニが女王となる。
一八九三年　クーデターによってハワイ王朝が転覆され、共和制へ移行。
一八九八年　アメリカ合衆国、ハワイ共和国を併合し、準州とする。
　　　　　　ハワイ島ヒロに大和神社（のちのヒロ大神宮）が設立される。
一八九九年　ハワイの日本人人口、五万人を突破。
　　　　　　中筋五郎吉、和歌山県西牟婁郡（現東牟婁郡）串本町田並からハワイへ向かう。
一九〇〇年　ハワイをアメリカの準州として組織するハワイ基本法の発効によって、合衆国憲法ならびに連邦法がハワイでも効力を持つ。これによって契約移民が廃止され、自由移民がはじまる。
　　　　　　沖縄の当山久三の強い働きかけによって、沖縄から最初の移民がハワイに到着。
一九〇一年　オーストラリアで移民制限法が制定され、有色人労働者の入国制限と事業活動の制限が行われる。
　　　　　　マウイ島に馬哇金刀比羅神社が創建される。
一九〇二年　沖家室漁民の朝鮮出漁者が急減。これ以降、ハワイへ向かう者が増える。
一九〇七年　スイサン株式会社設立。
一九〇八年　ハワイの日本人人口、六万五〇〇〇人を突破。
　　　　　　辰丸事件により、中国人、日本人漁民からの魚の買いつけをボイコット、これをきっかけとして布哇漁業会社設立。
　　　　　　紳士協定の締結によって日本人労働者のアメリカ入国が禁止される。
一九〇九年　第一次オアフ島大ストライキ。
　　　　　　ハワイ準州上院のコエルホー議員、ハワイ近海にて市民権のない者の漁労を禁止する法案を準州議会

	に提出するが、否決される。 ハワイ準州議会において、ヒロ湾内漁業禁止法が成立する。それに対しヒロの日本人水産業者がヒロ地方裁判所に訴え、勝訴したことによってこの法が無効となる。 裁判費用の負担をめぐってヒロ水産株式会社の内紛が起こり、布哇島漁業会社が設立される。
一九一〇年	太平洋漁業会社が山城松太郎、中国人実業家によって設立される。
一九一〇年代	サンパン漁船へのガソリンエンジンの搭載が進む。
一九一二年	（大正元年）
一九一三年	ネフ、イアオの捕獲を制限する法案がハワイ準州議会を通過。
一九一四年	ホノルル漁業会社設立。
一九一七年	ハワイの日本人人口、一〇万人を突破。 汎太平洋協会が設立される。
一九一九年	カカアコ水産慈善会事務所の神棚に金比羅様のお札が祀られる。
一九二〇年	第二次オアフ島大ストライキ。
一九二〇年代	サンパン漁船へのディーゼルエンジンの搭載が進む。 このころ、ハワイ金刀比羅神社が創建される。一九二一年にカマレーンに移転し、ハワイ最大の敷地面積を誇る神社となる。
一九二一年	水産慈善会の神棚のお札が正式に鎮座し、カカアコ金刀比羅神社となる。
一九二二年	ハワイアンツナパッカーズ社設立。 山口県出身者が中心となって布哇漁業会社を買収し、布哇水産会社として立ち上げる。 準州魚類鳥獣部のＡ・Ｌ・ディーン博士が訪日し、日本のマスなどの魚卵をハワイに放流する可能性を探る。
一九二三年	ヒロに津波が押し寄せ、スイサン会社所属の大小九隻の漁船が全損し、一九隻が破損する。

一九二四年　排日移民法制定によって日本からアメリカへの移民が禁止される。

一九二五年　太平洋問題調査会設立。
石川千代松東京帝国大学名誉教授による鮎の卵の放流事業が、オアフ島やカウアイ島で行われる。

一九二六年　（昭和元年）

一九二八年　第一回汎太平洋女性会議がホノルルで開催され、日本から各界の女性リーダー一八名が参加する。

一九三〇年　連邦政府、関税法第四四九条の解釈を変更し、一九三〇年五月以降、公海上における非市民所有漁船の漁獲に課税するが、反対運動にあってまもなく廃止する。

一九三一年　ローレンス・ジャッド準州知事、御木本幸吉にハワイの真珠貝養殖産業への協力を要請。

一九三八年　フランク・ベル商務省漁業局長、エルマー・ヒギンズ商務省漁業局科学調査課長がハワイを訪問し、水産業の実態の解説と産業振興のための提言を盛り込んだ報告書を作成する。

一九三九年　アメリカ市民のみが五純トン以上の漁船を所有し、かつ船長として操業することができるとする連邦法が制定される。

一九四一年　このころになると、不法に入国した漁民の摘発と強制送還がつづく。

連邦大陪審によって漁業関係者と日本人漁業会社が不当に漁船ライセンスを取得したかどで告発され、大型漁船一九隻が没収される。

アイランダー漁業会社がマウイ在住日本人漁民や魚商人によって設立される。

準州下院マックファーレン議員によって水産振興費二万ドルを要求する法案が準州議会に提出される。

大統領令によってカネオヘ湾の軍事エリアへの軍用以外の進入が禁止となる。

有事の際、拘束する者のリストが作成される。

一二月八日（日本時間）、日本軍による真珠湾攻撃によって太平洋戦争勃発。

同日午後、ポインデクスター準州知事が準州を戒厳令に置くことを宣言。それによってハワイが軍政部の統制下に置かれる。

開戦時のハワイ総人口約四二万七〇〇〇人のうち、日本人移住者とその子孫が約三七％を占める。

	ハワイの大型、中型漁船が没収される。
一九四二年	ハワイにおける遠洋漁業の水揚げ量、前年の一％に落ち込む。
一九四三年	オアフ島中央部にホノウリウリ強制収容所が建設され、ハワイ最大の強制収容所としてハワイの日系住民を中心とする住民や太平洋戦線の捕虜を収容。 三月一〇日ハワイの文民統制が一部復活し、準州政府、準州議会が機能しはじめる。
一九四四年	一〇月二四日戒厳令終了。しかしハワイ周辺海域は引きつづき海軍統制下に置かれる。
一九四五年	七月、操業時間帯や漁業禁止海域がほぼ消滅し、「日本人およびその子孫」の漁労が部分的に許可される。 八月一五日（日本時間）終戦（沖縄戦の終結は九月七日）。日本国は連合国総司令部（ＧＨＱ／ＳＣＡＰ）による占領下に置かれる。一方、沖縄県は米軍の統治下に置かれる。
一九四六年	ハワイ島ヒロの街を津波が襲い、死者一五九人を出す。 マーシャル諸島においてアメリカの核実験がはじまる。
一九四七年	大谷松治郎らによって、共同漁業が設立される。 連邦議会にてファーリントン法案（のちの Public Law 329）が可決される。これにもとづいて連邦政府予算によるハワイ周辺海域の水産海洋調査が開始される。
一九五一年	キング漁業が設立される。 サンフランシスコ平和条約調印、翌年発効。これによって日本国は再び独立国家として主権を回復。しかし沖縄は引きつづき琉球列島米国民政府の支配下に置かれる。
一九五二年	共同漁業解散のあと、大谷松治郎がユナイテッド漁業を設立する。 太宰府天満宮から運ばれた分霊がハワイ金刀比羅神社境内に造営された社殿に祀られ、同神社がハワイ金刀比羅神社・ハワイ太宰府天満宮となる。
一九五三年	琉球列島米国民政府の「土地収用令」によって強制的な軍用地の新規接収が沖縄各地で行われたため、それに反対する「島ぐるみ闘争」が起きる。

一九五四年　水産講習所練習船俊鶻丸、ホノルル入港。日本人コミュニティで盛大な歓迎を受ける。その後、ヒロでも盛大な歓迎を受ける。
一九五九年　九月、沖縄から漁業研修のため四人がハワイへやってくる。
　一一月、裁判の結果、清水静枝ほか八人の二世のアメリカ市民権回復が認められる。
一九六〇年　ビキニ環礁での水爆実験で第五福竜丸の乗組員、久保山愛吉が死去。
　このころ、琉布ブラザーフッドプログラム開始。
　ハワイ準州、州へ昇格し、アメリカ合衆国五〇番目の州となる。
一九六一年　ハワイ島ヒロの街を津波が襲い、死者六一人を出す。
一九六五年　この年以降、沖縄から漁業研修生がハワイへやってきて漁労に従事する。
一九七二年　アメリカの移民法改正。
一九七九年　沖縄、本土に復帰し、再び沖縄県となる。
一九八四年　ユナイテッド漁業、アアラからカカアコへ移転する。
一九八九年　ハワイアンツナパッカーズ社倒産。
　(平成元年)
二〇〇一年　スイサン株式会社のセリ市場が閉鎖される。
二〇〇四年　カカアコの再開発によってユナイテッド漁業とホノルル市場がホノルル湾第三八番桟橋に新設されたフィッシングビレッジに移転。
二〇一八年　元年者の来布一五〇周年を記念して、ホノルルにて「元年者シンポジウム」が開催される。

小川真和子（おがわ・まなこ）
東京都出身。二〇〇四年ハワイ大学アメリカ研究学部大学院博士課程修了、アメリカ研究博士（Ph.D.）取得。独立行政法人水産大学校講師、准教授を経て、現在、立命館大学文学部教授。
主な著書、論文に『海の民のハワイ　ハワイの水産業を開拓した日本人の社会史』（人文書院、二〇一七年）、*Sea of Opportunity: The Japanese Pioneers of the Fishing Industry in Hawai'i.* (University of Hawai'i Press, 2015)（二〇一五年度地域漁業学会賞受賞）、"The "White Ribbon League of Nations" Meets Japan: The Trans-Pacific Activism of the Woman's Christian Temperance Union, 1906–1930." *Diplomatic History*, vol. 31, no. 1 (2007), "'Hull-House' in Downtown Tokyo: The Transplantation of a Settlement House from the United States into Japan and the North American Missionary Women, 1919–1945." *Journal of World History*, vol. 15, no. 3 (2004). いずれも単著。

［塙選書124］
海《うみ》をめぐる対話《ダイアローグ》　ハワイと日本　水産業からのアプローチ
二〇一九年九月五日　初版第一刷
著者――小川真和子
発行者――白石タイ
発行所――株式会社塙書房
〒113-0033　東京都文京区本郷6-8-16
電話＝03-3812-5821　振替＝00100-6-8782
印刷・製本所――亜細亜印刷・弘伸製本
装丁者――古川文夫（本郷書房）
落丁・乱丁本はお取り替えいたします。定価はカヴァーに表示してあります。

ISBN978-4-8273-3124-0 C1321